Dorfmayr · Mistlbacher · Sator-Wunsch
Bearbeitet von Heidemarie Schuster und Arthur G.P. Schuster

thema mathematik 1

Lösungen

Hölzel Verlag

VERITAS
Lernen verbindet uns

2. Auflage (2024)

Auf umweltfreundlichem Papier gedruckt bei: siehe https://produkt.veritas.at/48920#additional

Lektorat: Carina Matschek
Herstellung, Umschlaggestaltung: Elisabeth Prinz
Illustrationen: Arnulf Kossak, Linz
Bildredaktion: Alexandra Rittberger
Satz und Konstruktionen: Arthur G. P. Schuster, Heidemarie Schuster, Melk
Umschlagfoto: Fotolia.com/Aamon

ISBN: 978-3-7101-4934-4

Für weitere Informationen steht Ihnen gerne Ihre VERITAS-Kundenberatung zur Verfügung.
Rufen Sie einfach an, schicken Sie ein Fax oder ein E-Mail!
Tel. +43 732 776451 2280, Fax: +43 732 776451 2239
E-Mail: kundenberatung@veritas.at
Besuchen Sie uns auf unserer Website www.veritas.at

1. Zahlen

Seite 9:

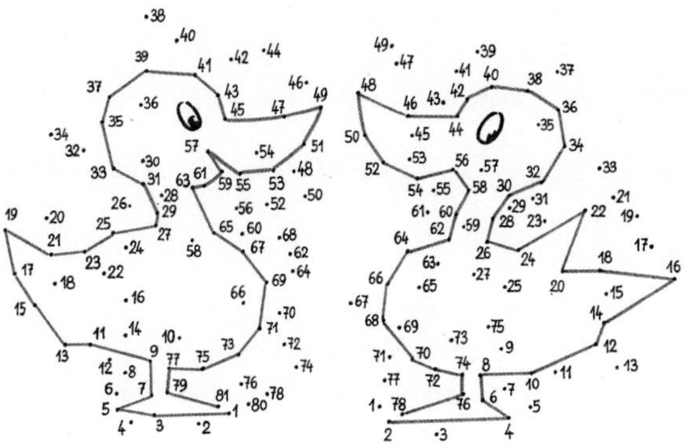

1 Im Buch ausgeführt.

2 Im Buch ausgeführt.

3 Im Buch ausgeführt.

4

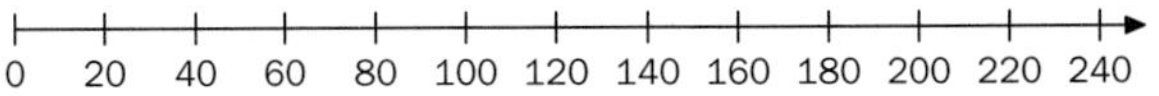

5 a) $a = 3$; $b = 4$; $c = 9$
b) $a = 6$; $b = 14$; $c = 18$
c) $a = 5$; $b = 9$; $c = 13$
d) $a = 110$; $b = 140$; $c = 200$

6 a) $a = 55$; $b = 85$; $c = 100$
b) $a = 400$; $b = 1\,200$; $c = 1\,800$
c) $a = 25$; $b = 150$; $c = 250$
d) $a = 500$; $b = 1\,250$; $c = 2\,250$

7 a) richtig, falsch, richtig, richtig, falsch
b) richtig, falsch, richtig, falsch, richtig
c) falsch, falsch, richtig, richtig, richtig

8 $x < 90$: richtig, weil x links von der Zahl 90 eingetragen ist,
$x > 50$: richtig, weil in der Mitte zwischen 40 und 80 die Zahl 60 liegt und x rechts davon eingezeichnet ist, also sogar $x > 60$ gilt,
$x = 60$: falsch, weil die Zahl 60 genau in der Mitte zwischen 40 und 80 sein müsste,
weitere Aussage: z. B. $x < 80$

9 z. B.: $x < 200$; $x > 100$; $x = 150$

10 a) $3 < 7 < 10 < 13$
b) $30 < 50 < 70 < 120$
c) $25 < 30 < 45 < 60$
d) $27 < 31 < 47 < 78 < 96$
e) $65 < 68 < 71 < 72 < 91$
f) $21 < 38 < 44 < 64 < 67 < 83$

11 a) $84 < 157 < 199 < 259 < 318 < 494$
b) $792 < 809 < 828 < 830 < 845$
c) $3\,762 < 3\,849 < 3\,912 < 4\,012 < 4\,143$
d) $7\,798 < 7\,828 < 7\,863 < 7\,912 < 8\,002$

12 Im Buch ausgeführt.

13 Im Buch ausgeführt.

14 Im Buch ausgeführt.

15 a) Zahl: 63; Vorgänger: 62; Nachfolger: 64
b) Zahl: 17; Vorgänger: 16; Nachfolger: 18
c) Zahl: 83; Vorgänger: 82; Nachfolger: 84
d) Zahl: 46; Vorgänger: 45; Nachfolger: 47

16 a) Vorgänger: 63; Nachfolger: 65
b) Vorgänger: 81; Nachfolger: 83
c) Vorgänger: 95; Nachfolger: 97
d) Vorgänger: 107; Nachfolger: 109
e) Vorgänger: 172; Nachfolger: 174
f) Vorgänger: 224; Nachfolger: 226
g) Vorgänger: 296; Nachfolger: 298
h) Vorgänger: 400; Nachfolger: 402
i) Vorgänger: 2 999; Nachfolger: 3 001
j) Vorgänger: 7 098; Nachfolger: 7 100

17 a)

Vorgänger	Zahl	Nachfolger
77	78	79
80	81	82
199	200	201
798	799	800
241	242	243

b)

Vorgänger	Zahl	Nachfolger
14	15	16
21	22	23
197	198	199
5000	5001	5002
2697	2698	2699

18 Die kleinste natürliche Zahl ist 0. Sie hat daher den Nachfolger 1, aber keinen Vorgänger, da sich links von ihr am Zahlenstrahl keine natürliche Zahl mehr befindet.

19 a) 100, 100
b) Es ist die Zahl x selber. Der Nachfolger von x steht am Zahlenstrahl einen Schritt weiter rechts. Um zu seinem Vorgänger zu gelangen, muss man einen Schritt nach links gehen – man landet wieder bei x.

20 Der Vorgänger ist immer der oder die Nächstjüngere, der Nachfolger der oder die Nächstältere. Dabei hat der/die Jüngste keinen Vorgänger und der/die Älteste keinen Nachfolger. Eine andere Möglichkeit wäre zum Beispiel, die Nummern nach der Körpergröße zu verteilen.

21 a) $23 < 27 < 48 < 49 < 61 < 78 < 82$;
Median: 49
b) $17 < 19 < 20 < 22 < 25 < 28 < 32$;
Median: 22
c) $64 < 68 < 73 < 77 < 92$; Median: 73
d) $39 < 43 < 48 < 52 < 55 < 56$; Median: 50
e) $5 < 7 < 8 < 9 < 11 < 12 < 17 < 22$;
Median: 10
f) $18 < 20 < 24 < 28$; Median: 22

22 Median: 41 m; das bedeutet, dass 2 Kinder weniger als 41 m und 2 Kinder mehr als 41 m weit werfen.

23 Median: 150 cm; das bedeutet, dass 3 Kinder kleiner als 150 cm und 3 Kinder größer als 150 cm sind.

24 a) Gleich viele Kinder schauen weniger lange wie der Median fern, gleich viele schauen länger als der Median fern.
b) Gleich viele Kinder sitzen weniger lange wie der Median vor dem Computer, gleich viele sitzen länger als der Median vor dem Computer.
c) Gleich viele Kinder benutzen weniger lange wie der Median das Handy, gleich viele Kinder benutzen länger als der Median das Handy.

25 Im Buch ausgeführt.

26 Im Buch ausgeführt.

27 Im Buch ausgeführt.

28 Im Buch ausgeführt.

29 (P ... Perle; S ... Zehner-Stange;
Q ... Hunderter-Quadrat; W ... Tausender-Würfel)
a) $335 < 353 < 533$
335 = 3Q 3S 5P; 353 = 3Q 5S 3P; 533 = 5Q 3S 3P
b) $2266 < 2626 < 2662 < 6226 < 6262 < 6622$
2266 = 2W 2Q 6S 6P; 2626 = 2W 6Q 2S 6P;
6226 = 6W 2Q 2S 6P; 6262 = 6W 2Q 6S 2P;
6622 = 6W 6Q 2S 2P

30 (E ... 1-€-Münze; Z ... 10-€-Schein;
H ... 100-€-Schein)
a) $334 < 343 < 433$
334 = 3H 3Z 4E; 343 = 3H 4Z 3E; 433 = 4H 3Z 3E
b) $668 < 686 < 866$
668 = 6H 6Z 8E; 686 = 6H 8Z 6E; 866 = 8H 6Z 6E

31 7HM 2ZM 5M: 725 Millionen
5Md 4HM: 5 Milliarden 400 Millionen
1ZM 2M 3ZT 5H: 12 Millionen 30 Tausend 500

32 a) 8M 9HT 3ZT: 8 Millionen 930 Tausend
b) 7HT 3ZT 8H: 730 Tausend 800
c) 3HM 6ZM 8HT: 360 Millionen 800 Tausend
d) 5Md 3HM 5ZM: 5 Milliarden 350 Millionen
e) 6HT 9ZT 8H: 690 Tausend 800
f) 7ZM 7M 8HT 5T: 77 Millionen 805 Tausend
g) 3Md 5HM 4M: 3 Milliarden 504 Millionen
h) 4HT 8T 6H 5Z, 408 Tausend 650

33

Md	HM	ZM	M	HT	ZT	T	H	Z	E	mit Ziffern
		2	4	6	0	3	5	4	1	24603541
3	7	0	9	0	7	7	0	4	0	3709077040

34 **a)** 85 075 000 **b)** 309 068
c) 2 450 000 000 **d)** 6 048 050 **e)** 80 554 000
f) 606 709 000 **g)** 4 805 000 **h)** 8 703 000 000

35 **a)** **1)** 52 400 220 **2)** 5ZM 2M 4HT 2H 2Z
b) **1)** 330 080 408 **2)** 3HM 3ZM 8ZT 4H 8E
c) **1)** 7 840 056 **2)** 7M 8HT 4ZT 5Z 6E
d) **1)** 1 358 005 **2)** 1M 3HT 5ZT 8T 5E
e) **1)** 5 023 730 000 **2)** 5Md 2ZM 3M 7HT 3ZT
f) **1)** 3 250 080 000 **2)** 3Md 2HM 5ZM 8ZT

36 **a)** *Hinweis:* Es können höchstens 24 verschiedene Zahlen sein.
b) *kleinste Zahl:* größte Ziffer an der Einerstelle, zweitgrößte an der Zehnerstelle, drittgrößte an der Hunderterstelle und die kleinste Ziffer an der Tausenderstelle;
größte Zahl: kleinste Ziffer an der Einerstelle, zweitkleinste an der Zehnerstelle, drittkleinste an der Hunderterstelle und die größte Ziffer an der Tausenderstelle

37 Im Buch ausgeführt.

38 **a)** nein **b)** nein **c)** ja **d)** nein

39 **a)**

Zahl	$\overset{Z}{\approx}$	$\overset{H}{\approx}$	$\overset{T}{\approx}$
1 884	1 880	1 900	2 000
2 793	2 790	2 800	3 000
645	650	600	1 000
65 108	65 110	65 100	65 000
1 076	1 080	1 100	1 000

b)

Zahl	$\overset{Z}{\approx}$	$\overset{H}{\approx}$	$\overset{T}{\approx}$
821	820	800	1 000
54 216	54 220	54 200	54 000
24 626	24 630	24 600	25 000
46	50	0	0
2 993	2 990	3 000	3 000

40 **a)** falsch: 250, richtig, falsch: 7 840, falsch: 10 300
b) richtig, richtig, falsch: 87 700, richtig

41 falsch, richtig, falsch, richtig

42 1 691 000; 1 690 000; 1 700 000

43 83 000 000; 67 000 000; 60 000 000

44 **1)** Mount Everest: $\overset{T}{\approx}$ 9 000 m; $\overset{H}{\approx}$ 8 800 m;
Mount McKinley: $\overset{T}{\approx}$ 6 000 m; $\overset{H}{\approx}$ 6 200 m;
Kilimandscharo: $\overset{T}{\approx}$ 6 000 m; $\overset{H}{\approx}$ 6 000 m
2) Mount Everest: Nepal; Mount McKinley: Alaska; Kilimandscharo: Tansania

45 **1)** 4 000; 19 200; 7 200, 12 600; 400; 9 500; 12 000, 16 400; 2 600
2) 4 000; 19 000, 7 000; 13 000; 0; 10 000, 12 000; 16 000; 3 000
Es fällt auf, dass Wien hier auf 0 gerundet wird, d. h. dass diese Rundung nicht sinnvoll ist.
3) NÖ > Steiermark > Tirol > OÖ > Kärnten > > Salzburg > Burgenland > Vorarlberg > Wien

46 Im Buch ausgeführt.

47 Im Buch ausgeführt.

48 63 € 75 c

49 Teebutter: 2 € 45 c; Sommerbutter: 3 € 19 c

50 (E) (C) (A) (B) (D)

51 **a)** 12 € 45 c; 10 € 8 c; 30 € 60 c; 45 c
b) 3 € 25 c; 4 € 50 c; 2 € 8 c; 53 c
c) 3 € 80 c; 32 € 95 c; 2 € 5 c; 60 c
d) 71 €; 8 € 36 c; 49 c; 3 € 30 c

52 **a)** 12,30 €; 12,50 €; 5,45 €; 9,02 €
b) 4,65 €; 0, 45€; 6,08 €; 2,10 €
c) 10,32 €; 6,35 €; 12,07 €; 8,32 €
d) 5,48 €; 12,90 €; 3,75 €; 0,02 €

53 falsch, richtig, richtig, falsch

54 richtig, richtig, falsch, richtig

55 **a)** 12,8 s **b)** 10,2 s **c)** 5,05 s **d)** 1,2 s

56 **1)** 1 min 25 s 52 Hundertstelsekunden,
1 min 26 s 7 Hundertstelsekunden,
1 min 26 s 18 Hundertstelsekunden
2) Der Vorsprung von Fenninger auf Höfl-Riesch beträgt 55 Hundertstelsekunden und der Vorsprung auf Hosp beträgt 66 Hundertstelsekunden.

57 4:20,67; 4:21,14

58 Im Buch ausgeführt.

59 Im Buch ausgeführt.

60 Im Buch ausgeführt.

61 Im Buch ausgeführt.

62 **a)** 64,2018 **b)** 201,04 **c)** 78,53
d) 29,716

63

dekadische und dezimale Einheiten	HT ZT T	H Z E	,	z h t zt ht	mit Ziffern
3ZT 6H 5Z 6E 2z 3h 1t	3 0	6 5 6	,	2 3 1	30 656,231
4H 3E 7z 8ht		4 0 3	,	7 0 0 0 8	403,700 08
8H 7Z 1E 1z 5h 3t 1zt		8 7 1	,	1 5 3 1	871,153 1
1T 6Z 4E 5z 1h	1	0 6 4	,	5 1	1 064,51
9h 7t 6zt 3ht		0	,	0 9 7 6 3	0,097 63
9Z 6z 8t 2ht		9 0	,	6 0 8 0 2	90,608 02

64 **a)** drei Komma eins: 3E 1z,
dreiundvierzig Komma null sieben: 4Z 3E 7h,
drei Komma neun null acht: 3E 9z 8t,
vier Komma null eins zwei: 4E 1h 2t,
null Komma vier sechs: 4z 6h,
fünfzig Komma null vier: 5Z 4h
b) null Komma zwei: 2z,
zweiundachtzig Komma drei fünf: 8Z 2E 3z 5h,
null Komma null sieben: 7h,
neun Komma null acht fünf: 9E 8h 5t,
eins Komma null fünf: 1E 5h,
drei Komma null zwei fünf: 3E 2h 5t
c) null Komma null null drei: 3t,
zwei Komma zwei eins: 2E 2z 1h,
fünf Komma null drei: 5E 3h,
null Komma acht null fünf: 8z 5t,
einhundertacht Komma null eins sechs: 1H 8E 1h 6t
d) sechshundertfünfundsiebzig Komma null neun acht: 6H 7Z 5E 9h 8t,
siebenundachtzig Komma null sieben null fünf: 8Z 7E 7h 5zt,
zehn Komma fünf null vier: 1Z 5z 4t,
sieben Komma null drei vier null sechs: 7E 3h 4t 6ht

65 **a)** 50,48 **b)** 3,063 **c)** 170,05 **d)** 0,658
e) 5 060,04 **f)** 40,0535 **g)** 0,03072
h) 5 070,304 **i)** 804,0083 **j)** 309,007

66 **a)** $1{,}2 < 2{,}3 < 3{,}4 < 5{,}3 < 6{,}6$
b) $0{,}8 < 1{,}5 < 3{,}2 < 3{,}8 < 4{,}9 < 5{,}5 < 6{,}3$

67 **a)**
$0{,}03 < 0{,}17 < 0{,}32 < 0{,}45 < 0{,}69 < 0{,}78 < 0{,}9$
b) $0{,}08 < 0{,}22 < 0{,}39 < 0{,}54 < 0{,}65 < 0{,}8 < 0{,}93$

68 **a)**

b)

69 **a)** $1{,}20 < 1{,}25$; Sie haben gleich viele Einer und Zehntel, aber die rechte Zahl hat auch noch Hundertstel.
b) $1{,}50 > 1{,}09$; Sie haben gleich viele Einer, aber die linke Zahl hat Zehntel, während die rechte Zahl nur Hundertstel hat.
c) $4{,}090 > 4{,}019$; Sie haben gleich viele Einer und Zehntel, aber die linke Zahl hat mehr Hundertstel.
d) $0{,}210 > 0{,}089$; Sie haben beide keine Einer, aber die linke Zahl hat Zehntel, die rechte Zahl jedoch nicht.
e) $9{,}001 < 9{,}010$; Die Einer und Zehntel sind bei beiden Zahlen gleich, aber bei der rechten Zahl steht der Einser weiter links und ist daher mehr Wert.
f) $6{,}980 > 6{,}978$; Sie haben gleich viele Einer und Zehntel, aber die linke Zahl hat mehr Hundertstel.

70 **a)** $0{,}900 < 0{,}901 < 0{,}990 < 9{,}000$
b) $3{,}009 < 3{,}010 < 3{,}100 < 3{,}300$
c) $11{,}999 < 12{,}000 < 12{,}099 < 12{,}430$
d) $6{,}990 < 7{,}001 < 7{,}100 < 7{,}707$

71 Im Buch ausgeführt.

72 Im Buch ausgeführt.

73 a) 1) 5,8 s, 45,9 s, 13,7 s
2) 6 s, 46 s, 14 s

b) 1) 8,7 s, 56,7 s, 47,1 s
2) 9 s, 57 s, 47 s

c) 1) 7,1 s, 24,9 s, 34,8 s
2) 7 s, 25 s, 35 s

d) 1) 3,5 s, 28,4 s, 16,0 s
2) 4 s, 28 s, 16 s

74 a) 1) 3,2; 1,2; 8,1
2) 3,22; 1,24; 8,08
3) 3,219; 1,244; 8,075

b) 1) 10,0; 5,1; 0,2
2) 10,01; 5,07; 0,2
3) 10,007; 5,069; 0,199

c) 1) 4,3; 23,5; 7,1
2) 4,26; 23,55; 7,07
3) 4,262; 23,546; 7,071

d) 1) 0,1; 6,6; 14,7
2) 0,06; 6,61; 14,66
3) 0,064; 6,606; 14,665

75 a) 1) 29,46 €; 22,50 €; 3,45 €
2) 29 €; 22 €; 3 €

b) 1) 99,99 €; 14,90 €; 2,60 €
2) 100 €; 15 €; 3 €

c) 1) 19,50 €; 78,90 €; 40 c
2) 20 €; 79 €; 0 €

d) 1) 1,49 €; 28,48 €; 12,08 €
2) 1 €; 28 €; 12 €

76 a) richtig; falsch: 1,67; falsch: 0,335; richtig; falsch: 16; richtig
b) richtig; falsch: 8,54; richtig; richtig; richtig; falsch: 0,124

77 Toni rundet zuerst auf Hundertstel und dann die schon gerundete Zahl auf Zehntel. Er müsste direkt auf Zehntel runden, also 8,647 $\overset{z}{\approx}$ 8,6.

78 a) 1) 45; 30; 14; 10
2) 44,6; 30,2; 14,2; 10,2

b) 1) 165; 107; 71; 14
2) 165,2; 106,5; 70,6; 14,1

79 a) Die Schultasche ist mindestens 3,5 kg und weniger als 4,5 kg schwer. 3,5 kg $\leq m <$ 4,5 kg
b) Sein Schulweg ist mindestens 2,45 km und weniger als 2,55 km lang. 2,45 km $\leq s <$ 2,55 km
c) Die Jause hat mindestens 4,5 € und weniger als 5,5 € gekostet. 4,5 € $\leq p <$ 5,5 €

80 42,5 km/h $\leq v <$ 43,5 km/h

81 Weil 9,915 die kleinste Zahl ist, bei der auf 9,92 aufgerundet wird, und 9,925 die kleinste Zahl ist, bei der schon auf die nächsthöhere Zahl 9,93 gerundet wird.

82 Im Buch ausgeführt.

83 Im Buch ausgeführt.

84 a) 62; 31; 113; 211; 68
b) 1 600; 761; 666; 1 220; 175
c) 26; 72; 128; 1 260; 751
d) 257; 1 170; 1 126; 1 705; 1 160

85 a) 98; 279; 1 959; 1 243
b) 721; 1 142; 966; 697
c) 1 714; 2 173; 989; 1 596
d) 1 410; 1 660; 1 842; 1 369

86 a) richtig, richtig, richtig
b) richtig, falsch: CCXLIX, falsch: DCCCXC

87 a) 1618–1648 **b)** 1521 **c)** 1529
d) 1969 **e)** 1789 **f)** 1774 **g)** 1945
h) 1492

88 geboren: 1879; gestorben: 1955;
Nobelpreis: 1921

89 Fertigstellung des Portals: 1718;
Gründung: 1089; barocker Neubau: 1701–1726;
Restaurierung Nordseite: 1991–1995

90 a) 72 **b)** 76 **c)** 54

91 a) II; III; IV; V; VI
b) XV; XVI; XVII; XVIII; XIX
c) XI; XII; XIII; XIV; XV
d) XX; XXI; XXII; XXIII; XXIV

92 **a)** XXII; XVIII; CCXL; DCCXIV; DXIX
b) MDCLXXV; CMX; CCXLVII; MCMLXXXVI; MMDXL
c) CDLXXI; CL; CXXIII; CDLXXXIX; DCXC
d) MCCCXLII; CCCLXXXVII; CXXII; MMMCC; MCMLVI

93 Bei den römischen Zahlzeichen wird es schwierig sehr große Zahlen darzustellen. Die Zahlen werden dabei immer länger und es gibt nicht beliebig viele Zeichen dafür. Das Lesen der Zahlen wird dabei aufgrund der Länge auch schnell mühsam. Dezimalzahlen sind kaum möglich so darzustellen. (*Hinweis:* Es gibt zwar noch römische Zeichen für bestimmte Brüche, allerdings nicht für beliebige Dezimalzahlen.) Weiters ist es sehr umständlich mit den römischen Zahlen zu rechnen.

94 **a)** $a = 500$; $b = 3\,000$; $c = 5\,000$
b) $a = 300$; $b = 600$; $c = 900$
c) $a = 40$; $b = 120$; $c = 180$
d) $a = 200$; $b = 600$; $c = 1\,400$

95 **a)**

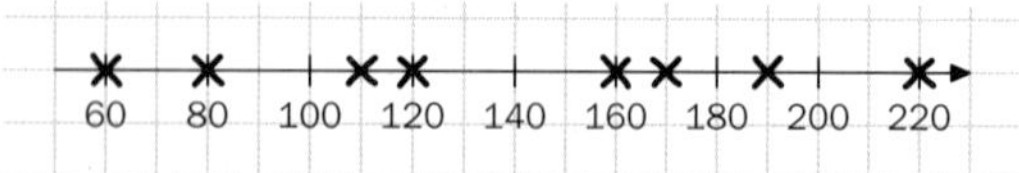

b)

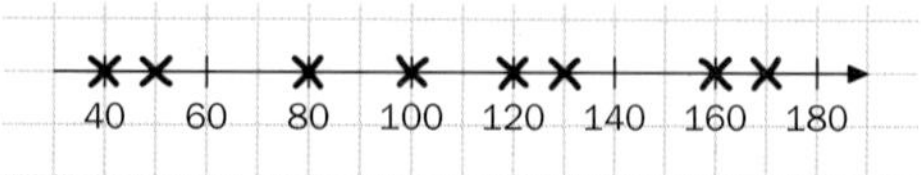

c)

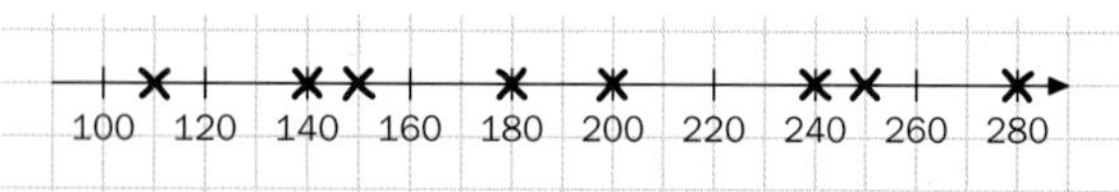

d)

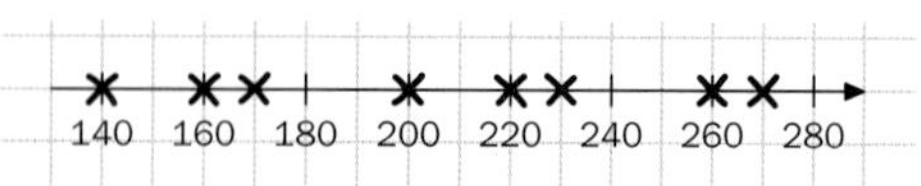

96 Jede natürliche Zahl hat einen Nachfolger. Die Zahl 0 hat aber (als einzige) keinen Vorgänger, da sich am Zahlenstrahl links von ihr keine natürliche Zahl mehr befindet.

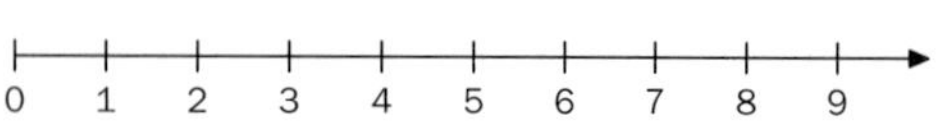

97 falsch, richtig, falsch, richtig, falsch

98 **a)** 484 **b)** 828 **c)** 140

99 **a)** Gleich viele Kinder haben höchstens so viele Geschwister wie der Median, gleich viele Kinder haben mindestens so viele Geschwister wie der Median.
b) Gleich viele Kinder haben höchstens so viele Haustiere wie der Median, gleich viele Kinder haben mindestens so viele Haustiere wie der Median.

100 **a)** **1)** 4 **2)** 5
b) **1)** 4 **2)** 4
c) **1)** 2 **2)** 3
d) **1)** 2 **2)** 3

101 Nein, man kann an jede noch so große dekadische Einheit eine 0 anhängen, um die nächstgrößere zu erhalten.

102 2ZM 5HT 6ZT: 20 Millionen 560 Tausend
6HM 7ZM 5M: 675 Millionen
2HM 8M 4ZT 3T: 208 Millionen 43 Tausend
4Md 9ZM 7M: 4 Milliarden 97 Millionen
2Md 4HM 6ZM: 2 Milliarden 460 Millionen

103

Md	HM	ZM	M	HT	ZT	T	H	Z	E	mit Ziffern
3	6	0	5	0	8	0	0	0	0	3 605 080 000
	5	7	0	9	9	0	1	4	0	570 990 140
	2	0	3	7	0	4	0	0	3	203 704 003
6	0	5	2	0	6	3	0	4	0	6 052 063 040
		3	0	7	6	0	3	0	9	30 760 309

104 **a)** $\underset{\approx 600}{567} < \underset{\approx 600}{576} < \underset{\approx 700}{657} < \underset{\approx 700}{675} < \underset{\approx 800}{756} < \underset{\approx 800}{765}$

b) $\underset{\approx 100}{123} < \underset{\approx 100}{132} < \underset{\approx 200}{213} < \underset{\approx 200}{231} < \underset{\approx 300}{312} < \underset{\approx 300}{321}$

105 4 800 m; 3 800 m; 3 000 m

106 **a)** 139 c; 175 c; 169 c; 155 c **b)** 1,55 €
c) 1,39 € < 1,55 € < 1,69 € < 1,75 €

107 9 Sekunden 5 Zehntelsekunden 8 Hundertstelsekunden,
9 Sekunden 6 Zehntelsekunden 9 Hundertstelsekunden,
9 Sekunden 7 Zehntelsekunden 2 Hundertstelsekunden,
Usain Bolt war um 0,11 s bzw. 0,14 s schneller.

108 10,49 s; 10,54 s

109

Z	E		z	h	t	zt	ht	m	mit Ziffern
	5	,	0	3	6	5	0	8	5,036 508
3	0	,	6	0	4	5			30,604 5
	0	,	0	6	5	0	8	4	0,065 084
	0	,	4	0	0	5	2	7	0,400 527
	3	,	0	0	7	8	0	4	3,007 804

110 3E 5z 2h 5zt: drei Komma fünf zwei null fünf
7h 4t 2zt 7m: null Komma null sieben vier zwei null sieben
7Z 6z 8t 8zt 4ht: siebzig Komma sechs null acht acht vier
2z 8h 5t 3ht 6m: null Komma zwei acht fünf null drei sechs
2Z 6h 8ht: zwanzig Komma null sechs null null acht

111 a) 1) 30 840 500 **2)** 3ZM 8HT 4ZT 5H
b) 1) 1 840 500,3 **2)** 1M 8HT 4ZT 5H 3z
c) 1) 3 805 000 000 **2)** 3Md 8HM 5M
d) 1) 2 000 980 041 **2)** 2Md 9HT 8ZT 4Z 1E
e) 1) 4 705,57 **2)** 4T 7H 5E 5z 7h
f) 1) 8 201,408 **2)** 8T 2H 1E 4z 8t
g) 1) 17 340,45 **2)** 1ZT 7T 3H 4Z 4z 5h
h) 1) 95 248,405 **2)** 9ZT 5T 2H 4Z 8E 4z 5t

112 a) 0,2 < 0,35 < 0,7 < 1,15 < 1,3
b) 0,25 < 0,4 < 0,8 < 1,1 < 1,25
c) 0,02 < 0,05 < 0,1 < 0,13 < 0,17
d) 0,03 < 0,07 < 0,14 < 0,15 < 0,17

113 a) z. B.: 2 < 2,1 < 2,73 < 2,905 < 3
b) z. B.: 0,3 < 0,301 < 0,344 < 0,35 < 0,4
c) z. B.: 0,12 < 0,13 < 0,27 < 0,29 < 0,3
d) z. B.: 0,09 < 0,1 < 0,12 < 1,12 < 1,15
e) z. B.: 1,01 < 1,03 < 1,057 < 1,099 < 1,1
f) z. B.: 2,02 < 2,021 < 2,024 < 2,029 < 2,03

114 a) falsch, richtig, falsch, falsch
b) richtig, richtig, falsch, richtig

115 Isa hat falsch gerundet, richtig: 4 km;
auf Zehntel Kilometer: 4,8 km; 4,5 km; 4,6 km

116 a) 150; 210; 390; 650
b) 1 700; 2 000; 2 000; 2 800
c) 13 000; 17 000; 21 000; 25 000
d) 0,3; 0,8; 1,0; 1,1
e) 0,25; 0,28; 0,31; 0,32
f) 12,345; 12,348; 12,350; 12,356

117 sinnvoll, nicht sinnvoll, sinnvoll, sinnvoll, sinnvoll

118 Michael Stifel: 1487–1567, 80 Jahre
Jakob Bernoulli: 1655–1705, 50 Jahre
Carl Friedrich Gauß: 1777–1855, 78 Jahre
David Hilbert: 1862–1943, 81 Jahre
⇒ David Hilbert lebte am längsten.

119 a) XXVII; XXVIII; XXIX; XXX
b) LIV; LV; LVI; LVII
c) LXXV; LXXX; LXXXIV; LXXXVIII; XC
d) CXXX; CXXV; CCCI; DVII
e) DCCXXXIII; CMXC; CCCXL; DCCCLIII
f) CMIX; MMDCCCXX; CDL; MCMLXXII

120 z. B.: 453 772 → „vierhundertdreiundfünfzig Tausend siebenhundertzweiundsiebzig" →
→ 4HT 5ZT 3T 7H 7Z 2E

121 a) 15; 10; 30; 21
b) $[1110]_2$; $[10001]_2$; $[10100]_2$; $[11000]_2$; $[11111]_2$
c) Im Dualsystem werden die Zahlen schnell sehr lange, dafür kommt man aber mit nur zwei Ziffern aus. Für den Computer ist das sinnvoll, weil hier mit den Zuständen „Strom an" und „Strom aus" Zahlen dargestellt werden können und mit ihnen gerechnet werden kann.

122 Zahlenstrahl

123 falsch, falsch, richtig, richtig, richtig

124 richtig, richtig, falsch, falsch, richtig

125 z. B.: natürliche Zahlen: 3, 17, 123;
Dezimalzahlen: 0,02; 7 22; 17,1;
dekadische Einheiten: Einer, Hunderter, Tausender;
dezimale Einheiten: Zehntel, Hundertstel, Tausendstel;
Zahlen: 3; 2 403; 1,035;
Ziffern: 1, 4, 9

126 3

127 natürliche Zahl

128 dezimale

129 Weil beim Runden auf ganze Euro von 27,47 € auf 27 € abgerundet wird. Wenn man als Zwischenschritt auf 10 c rundet, kann das, wie bei Manou, zu Rundungsfehlern führen. Richtig wäre also 27,47 € ≈ 27 €.

130 z. B.: 0,0033; 0,04; 0,79
Es gibt unendlich viele, da man zwischen zwei Dezimalzahlen immer noch eine weitere finden kann.

131 Charlies Aussage stimmt nicht, da er vergessen hat, die Werte der Größe nach zu sortieren.
richtig: 25 °C

132–150 Lösungen siehe Schulbuch (Anhang ab S. 217)

Thema: Googolplex und seine Verwandten

T1 falsch, falsch, richtig, richtig;
richtig, richtig, falsch, falsch

T2 **a)** 87 000 000 000 000 000 000
b) 12 000 000 000 000 000
c) 4 300 000 000 000 000 000 000 000
d)
30 000 000 000 000 000 000 000 000 000 000 000 000 000
e) 42 910 000 000 000 000

T3 **a)** 42 000 428 000 000 302 000
b) 5 000 048 000 000 000 037 000 000
c) 758 280 000 000 000 000 000 000
d) 8 720 043 000 000 000 000 000 000 000 000 000 000

T4 **a)** siebenhundertfünfundvierzig Milliarden
b) dreiundachtzig Trillionen hundertzwanzig Billiarden
c) neun Quadrilliarden zweihundertvierunddreißig Quadrillionen zweiundneunzig Trilliarden zweihundert Billiarden
d) dreiundzwanzig Quintillionen vierhundertzwanzig Quadrilliarden achthundertdreißig Quadrillionen dreihundert Trilliarden

T5 **a)** 10 000 000 000 000 000 000 000 000 000 000 000 000 000 000 000 000 000 000 000 000 000 000 000 000 000 000 000 000 000 000 000 000 000 000 000 000
b) 46 000 000 000 000 000 000 000 000 000 000 000 000 000 000 000 000 000 000 000 000 000 000 000 000 000 000 000 000 000 000 000 000 000 000 000

T6 Milliarden, Tausender, Millionen, Milliarden, Millionen, Millionen, Millionen, Tausender, Milliarden, Billiarden

T7 z. B.: Anzahl der Ameisen in einem Ameisenhaufen, Entfernungen im Sonnensystem, …

2. Addieren und Subtrahieren

Seite 35: *hellblau:* 8, 15, 21, 23, 33, 35, 40, 50, 58, 65,
rot: 70, 80, 85, 90, 100, 125, 160, 215, 385,
grün: 5, 14, 22, 25, 31, 39, 48, 60, 69, 110, 130, 150, 220,
dunkelblau: 17, 26, 29, 30, 34, 56, 108, 140, 135,
gelb: 103, 155, 170, 205, 235, 250,
braun: 190, 225, 365, 390

151 Im Buch ausgeführt.

152 Im Buch ausgeführt.

153 a) 60; 60; 90; 60
b) 70; 80; 70; 70
c) 5; 5,5; 10; 10
d) 8,6; 35,6; 15,5; 16

154 a) $3 + 2 = 5$ **b)** $2,8 + 2,3 = 5,1$
c) $0,6 + 4,3 = 4,9$

155 a) 7

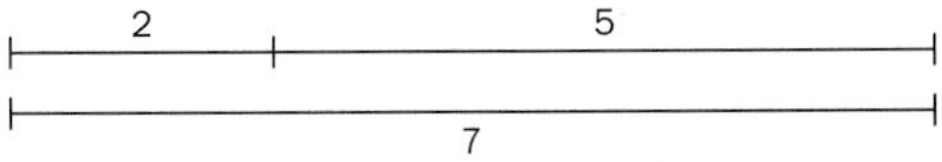

b) 5

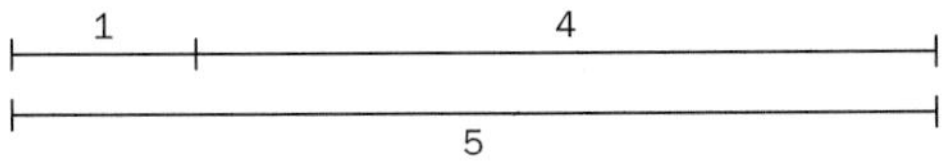

c) 9,5

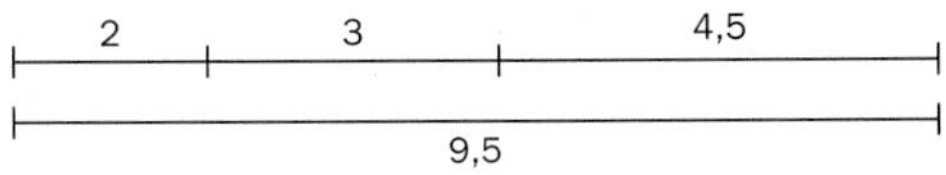

d) 11

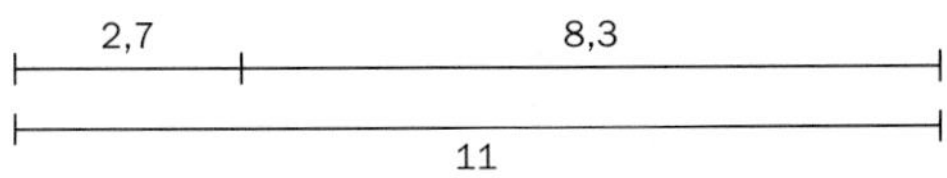

e) 10,5

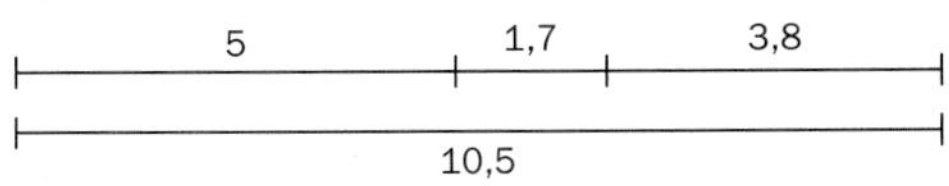

f) 10

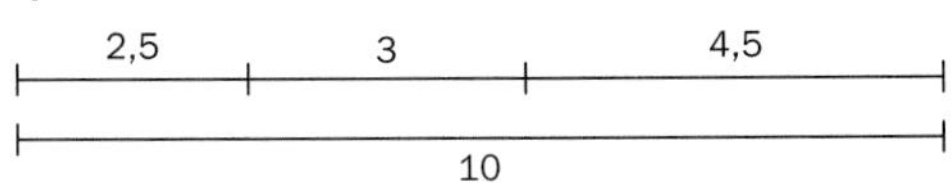

156 a) $15 + 13 = 28$ **b)** $56 + 34 = 90$
c) $4,5 + 1,7 = 6,2$

157 a) 12,344 **b)** 62,226 **c)** 69,3785
d) 623,083 **e)** 161,582 **f)** 123,205

158 a) 135,2 **b)** 131,2 **c)** 264,43

159 a) 225 **b)** 285 **c)** 5 908 **d)** 5 703
e) 120,9 **f)** 46,62 **g)** 957,75 **h)** 274,12

160 a) richtig, richtig, falsch, falsch, richtig, richtig
b) falsch, richtig, falsch, falsch, richtig, falsch

161 Im Buch ausgeführt.

162 Im Buch ausgeführt.

163 a) 30; 40; 50; 30
b) 25; 20; 10; 51
c) 3,9; 3; 2,1; 55, 5
d) 1,4; 20,5; 10,5; 20, 4

164 a) $12 - 5 = 7$ **b)** $13 - 7 = 6$
c) $8,8 - 3,5 = 5,3$ **d)** $15,15 - 3,15 = 12$

165 a) 2

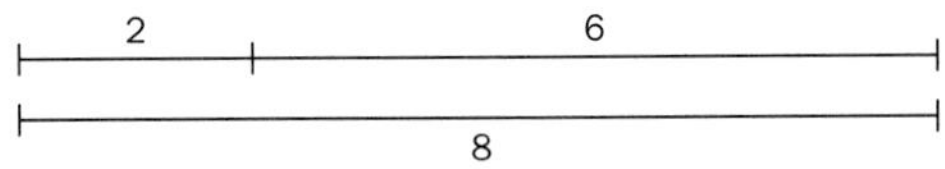

b) 5

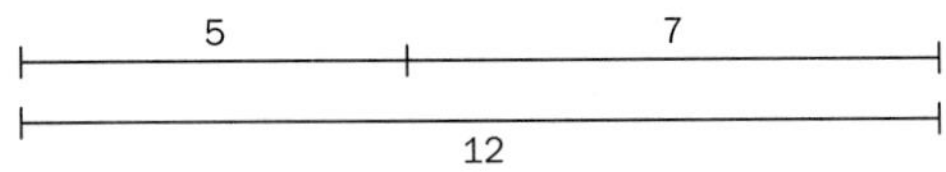

c) 4

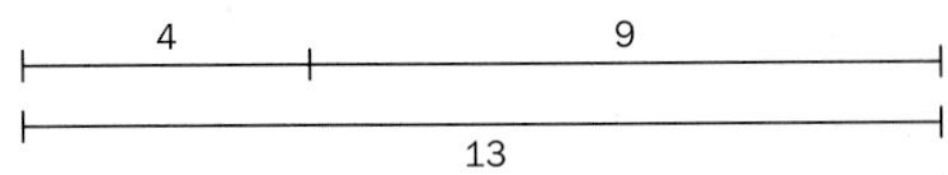

d) 6,5

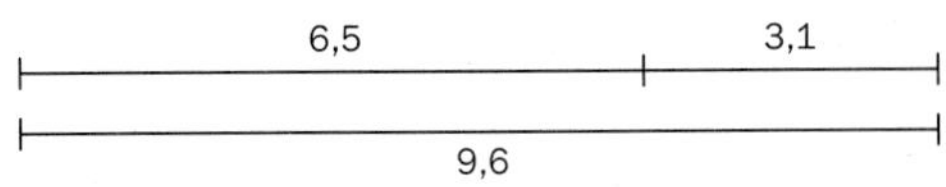

e) 8,4

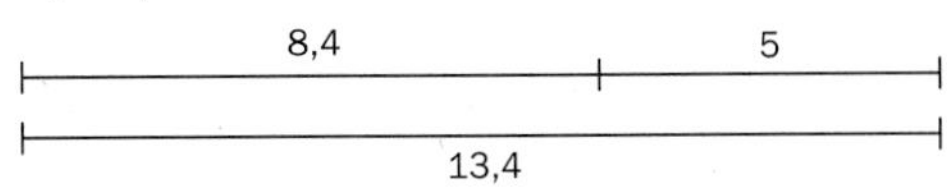

f) 5,4

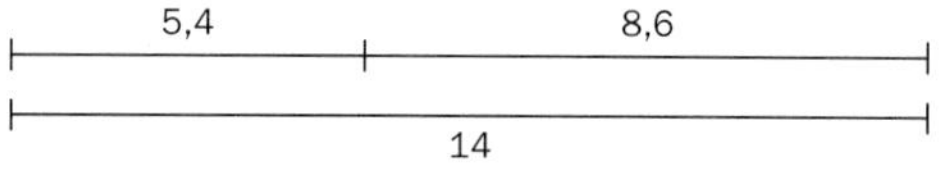

166 **a)** $88 - 32 = 56$ **b)** $168 - 15 = 153$
c) $9{,}2 - 1{,}4 = 7{,}8$

167 **a)** 2,125 **b)** 21,999 **c)** 69,324
d) 44,796 **e)** 20,954 **f)** 537,717

168 **a)** 74 **b)** 19,3 **c)** 69,03

169 **a)** 29 **b)** 23 **c)** 158 **d)** 4 803
e) 2 820 **f)** 21,7 **g)** 22,35 **h)** 792,71
i) 36,32 **j)** 42,5557

170 **a)** falsch, richtig, falsch, falsch
b) richtig, falsch, richtig, falsch

171 Im Buch ausgeführt.

172 Im Buch ausgeführt.

173 Im Buch ausgeführt.

174 Im Buch ausgeführt.

175 **a)** 8 **b)** 112 **c)** 366 **d)** 98
e) 13,59 **f)** 80,58 **g)** 13,71 **h)** 8,85

176 **a)** 107 **b)** 5 560 **c)** 33 **d)** 8,6
e) 46,2 **f)** 24,1

177 **a)** $\ldots = 25 + 18 = 43$;
Es wurde nicht von links nach rechts gerechnet.
b) $\ldots = 97 - 22 + 18 = 75 + 18 = 93$;
Es wurde nicht von links nach rechts gerechnet.
c) $\ldots = 48 - 40 = 8$;
Es wurde nicht mit der Klammer begonnen.
d) $\ldots = 173 - 2 = 171$; Es wurde nicht stellenwertrichtig addiert (es wurde 500 statt 50 addiert).

178 **a)** $78 - (12 + 43) - 5 = 18$
b) $93 + 57 - (36 + 24) = 90$
c) $68 - (53 - 45 + 5) = 55$

179 z. B.: $2 + (7 - 5) + 9 = 13$; $9 - (5 - 2) = 6$; $(9 + 5) - (7 + 2) = 5$;
Rechnungen wie $(2 + 5) + 7$ und $2 + (5 + 7)$ haben das gleiche Ergebnis, da hier das Assoziativgesetz verwendet wurde.
Rechnungen wie $2 + 7 + 9$ und $9 + 2 + 7$ haben das gleiche Ergebnis, weil hier das Kommutativgesetz angewendet wurde.
Rechnungen wie $2 - 9$ oder $5 - (7 + 2)$ können nicht gelöst werden, da hier der Subtrahend größer als der Minuend ist.

180 **a)** Nein, es gibt kein Kommutativgesetz der Subtraktion: z. B. $7 - 2 = 5$, aber $2 - 7$ ist unlösbar.
b) Nein, es gibt kein Assoziativgesetz der Subtraktion: z. B. $(9 - 5) - 2 = 2$, aber $9 - (5 - 2) = 6$.

181 Bei der ersten Subtraktion hat Maxi das Kommutativgesetz angewendet – dieses gilt aber nur für Additionen.

182 **a)** richtig: KG **b)** richtig: AG **c)** falsch
d) falsch

183 **a)** $9 + 6 = 15$; $15 - 9 = 6$; $15 - 6 = 9$
b) $3{,}8 + 7{,}2 = 11$; $11 - 3{,}8 = 7{,}2$; $11 - 7{,}2 = 3{,}8$

184 **a)** 92; *Probe:* $92 + 661 = 753$
b) 77 722; *Probe:* $77\,722 + 5\,290 = 83\,012$
c) 6,8; *Probe:* $6{,}8 + 7{,}8 = 14{,}6$
d) 7,98; *Probe:* $7{,}98 + 5{,}8 = 13{,}78$
e) 20,324; *Probe:* $20{,}324 + 24{,}776 = 45{,}1$

185 Im Buch ausgeführt.

186 Im Buch ausgeführt.

187 Im Buch ausgeführt.

188 Im Buch ausgeführt.

189 Im Buch ausgeführt.

190 15 €

191 Silvias Schätzung ist genauer, da beide Zahlen nach den Rundungsregeln nur knapp nicht aufgerundet werden. Silvia gleicht dies aus, indem sie die erste Zahl trotzdem aufrundet und nur die zweite Zahl abrundet.

192 Manuel vertauscht Summanden, um sie geschickt zu Teilsummen zusammenzufassen. Salma rechnet von links nach rechts. Manuel kann mit seiner Methode leichter im Kopf rechnen.

193 **a)** 100 **b)** 420 **c)** 163 **d)** 305
e) 15,5 **f)** 25,6 **g)** 80,1 **h)** 68,7

194 **a)** $28 - 4 - 2 - 5 = 17$
oder $28 - (4 + 2 + 5) = 17$
b) $52 - 4 - 2 - 5 + 10 = 51$
oder $52 - (4 + 2 + 5) + 10 = 51$

195 Mehrere Subtrahenden werden jeweils zu einer Summe zusammengefasst und gemeinsam abgezogen.
a) z. B.: *Erste Rechnung:* Bei einem Spielefest sind 37 Kinder. 24 davon müssen nach zwei Stunden zu ihrem Fußballtraining, ein Kind fährt zur Oma und 2 Kinder haben Flötenstunde. Am Abend sind noch 10 Kinder da.
Zweite Rechnung: Bei einem Spielefest sind 37 Kinder. Ein paar Kinder müssen früher weg: 24 zum Fußballtraining, eins fährt zur Oma und 2 zur Flötenstunde. Am Abend sind noch 10 Kinder da.
b) z. B.: *Erste Rechnung:* Emil hat 32 Monsterkarten. Er schenkt Eva 15 und Lukas 6. Von Nadja bekommt er 9 Karten. Er hat jetzt 20 Karten.
Zweite Rechnung: Emil hat 32 Monsterkarten. Er bekommt von Nadja 9 dazu und gibt Eva und Lukas 15 bzw. 6 Karten. Er hat jetzt 20 Karten.
c) z. B.: *Erste Rechnung:* Julius hat 65 € in seiner Geldtasche. Er kauft sich im ersten Geschäft ein Buch um 13 €, im zweiten Geschäft eine Sonnenkappe um 7 € und im dritten Geschäft eine DVD um 23 €. Er hat noch 22 €.
Zweite Rechnung: Julius hat 65 € in seiner Geldtasche. Er gibt für ein Buch, eine Sonnenkappe und eine DVD 13 €, 7 € und 23 € aus. Er hat noch 22 €.
d) z. B.: *Erste Rechnung:* Julia hat 85 €. Sie gibt 42 € für ein neues Radio und 17 € für Schulmaterial aus, bekommt von ihrer Oma 20 € und zahlt 13 € für den Schulausflug. Sie hat noch 33 €.
Zweite Rechnung: Julia hat 85 € und bekommt noch 20 € von ihrer Oma. 42 €, 17 € und 13 € gibt sie für ein Radio, Schulmaterial und einen Schulausflug aus. Sie hat noch 33 €.

196 **a)** 5 **b)** 1,5 **c)** 3,6 **d)** 239 **e)** 6,1
f) 8,03

197 **a)** Wenn ich von einer Zahl *a* die Zahlen *b*, *c*, *d* und *e* abziehe, ist es das gleiche, wie wenn ich zuerst *b*, *c*, *d* und *e* addiere und dann von *a* abziehe; z. B.:
$37 - 13 - 7 - 12 - 3 = 37 - (13 + 7 + 12 + 3)$
b) Wenn ich von einer Zahl *a* die Zahlen *b* und *c* abziehe und die Zahlen *d* und *e* addiere und noch die Zahl *f* abziehe, ist es das gleiche, wie wenn ich die Zahlen *a*, *d* und *e* addiere und davon die Summe aus *b*, *c* und *f* abziehe; z. B.: $37 - 13 - 15 + 22 + 2 - 9 =$
$= (37 + 22 + 2) - (13 + 15 + 9)$

198 **a)** 330 **b)** 771 **c)** 961 **d)** 811
e) 2 292 **f)** 9 720 **g)** 1 972 **h)** 66 772

199 Im Buch ausgeführt.

200 Sie sind 4 434 km gefahren.

201 Der Aktionspreis beträgt 182 €.

202 Elisabeth hat insgesamt 4 192 Seiten gelesen.

203 Sie bezahlt 6,20 € und bekommt 3,80 € Wechselgeld.

204 **1)** stimmt nicht **2)** stimmt
3) stimmt nicht **4)** stimmt

205 Victoriafälle: 120 m; Yosemitefälle: 739 m; Sutherlandfälle: 579 m

206 **1)** stimmt nicht **2)** stimmt
3) stimmt nicht **4)** stimmt nicht

207 z. B.: $10 + 17 - 11 = 16$
Nein, vier Leute müssen stehen.
Begründung: Bei der Abfahrt sind 10 Plätze frei. 17 Plätze werden bei der zweiten Haltestelle frei und 11 Plätze werden besetzt. D. h. es gibt bei der nächsten Haltestelle 16 freie Plätze, aber 20 Personen, die gerne einen Sitzplatz hätten. Es sind also um 4 Plätze zu wenig.

208 55 kg – (12,4 kg + 15,8 kg + 23,5 kg) = 3,3 kg
Nein, sie bekommt nicht genug Marillen.
Begründung: Familie Meier hat schon 51,7 kg verwendet bzw. verschenkt und daher sind nur noch 3,3 kg übrig, die Nachbarin hätte aber 5 kg haben wollen.

209 **a)** $(23 + 78) - 34 = 67$

b) $(72 + 90) + (29 - 13) = 178$
c) $(63 - 12) + (63 + 12) = 126$
d) $(28 - 9) + (28 + 9) = 56$
e) $(26 + 11) - (26 - 11) = 22$

210 Im Buch ausgeführt.

211 Im Buch ausgeführt.

212 Im Buch ausgeführt.

213 a) □ = 7; ▽ = 4; ☆ = 30; ♥ = 3 400
b) □ = 48; ▽ = 102; ☆ = 230; ♥ = 5 700
c) □ = 3; ▽ = 2,6; ☆ = 3,2; ♥ = 6,3

214 a) $3 + x = 9$; $x + 3 = 9$; $9 - x = 3$; $9 - 3 = x$
b) $8 + x = 17$; $x + 8 = 17$; $17 - x = 8$; $17 - 8 = x$
c) $x + 6{,}7 = 10{,}8$; $6{,}7 + x = 10{,}8$;
$10{,}8 - 6{,}7 = x$; $10{,}8 - x = 6{,}7$

215 Sarah stellt die Gleichung mit Strecken dar. Dabei kann sie erkennen, dass die Strecke x so lang ist wie $25 - 12{,}9 = 12{,}1$.

216 a) $x = 4$
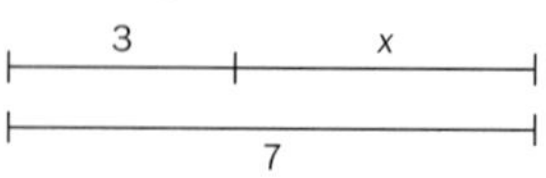

b) $x = 8$
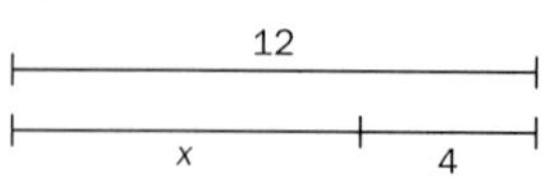

c) $x = 4{,}7$
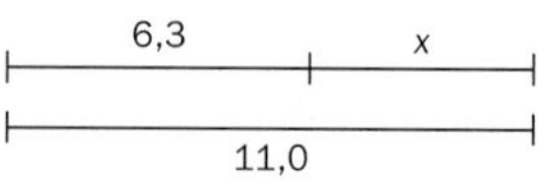

d) $x = 1{,}9$
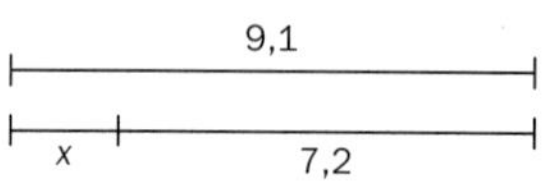

e) $x = 8$
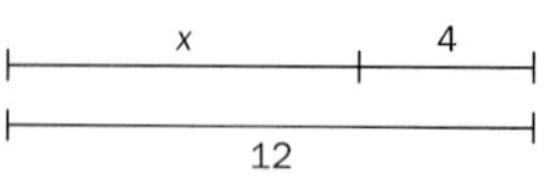

f) $x = 15$
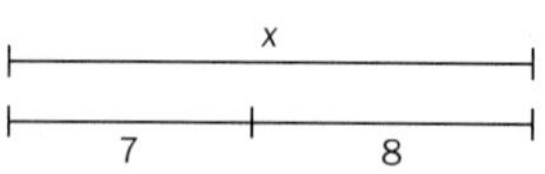

g) $x = 6{,}4$
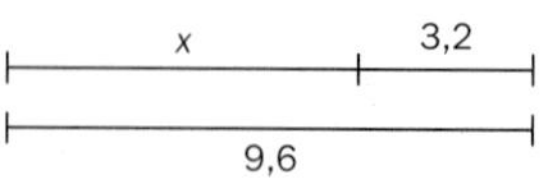

h) $x = 6{,}3$
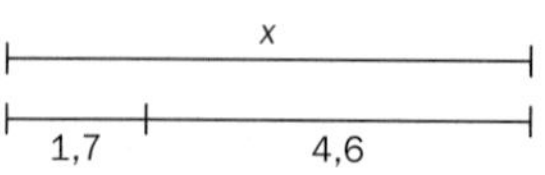

217 a) z. B.: $4 + x = y$; $y - x = 4$; $y - 4 = x$
b) z. B.: $x + 3 = y$; $y - 3 = x$; $y - x = 3$
c) z. B.: $3 + a = b + 7$; $b + 7 - a = 3$; $3 + a - 7 = b$
d) z. B.: $7{,}2 + a = b$; $b - a = 7{,}2$; $b - 7{,}2 = a$
e) z. B.: $e - f = 1{,}6$; $e - 1{,}6 = f$; $1{,}6 + f = e$
f) z. B.: $w + 3{,}2 = 7{,}4 + v$; $7{,}4 + v - 3{,}2 = w$;
$w + 3{,}2 - v = 7{,}4$

218 a) $x + 8 = 39$; roter Pfeil: -8; $x = 31$
b) $x - 14 = 9$; roter Pfeil: $+14$; $x = 23$
c) $x + 37{,}5 = 49{,}1$; roter Pfeil: $-37{,}5$; $x = 11{,}6$
d) $x - 7{,}3 = 2{,}7$; roter Pfeil: $+7{,}3$; $x = 10$

219 a) $x = 14$
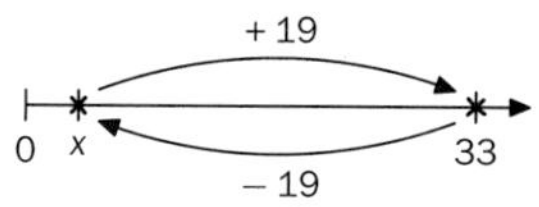

b) $x = 84$
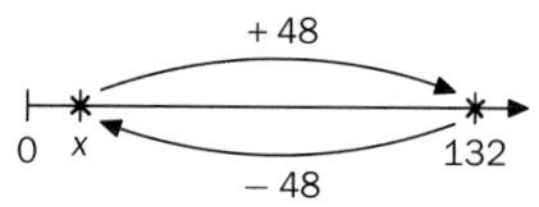

c) $x = 54$
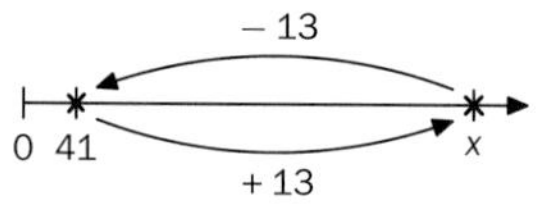

d) $x = 75$
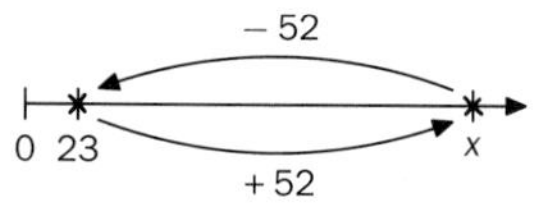

e) $x = 22{,}5$
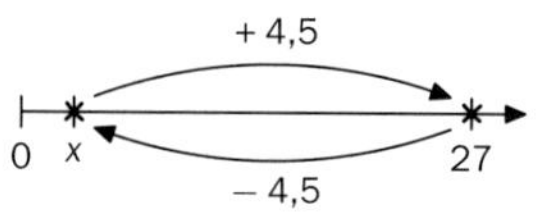

f) $x = 41{,}3$
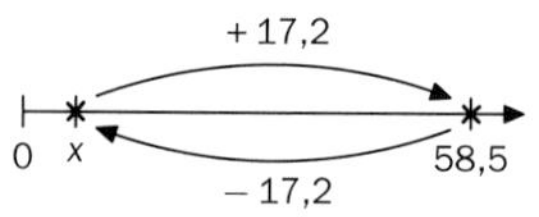

g) $x = 26{,}5$
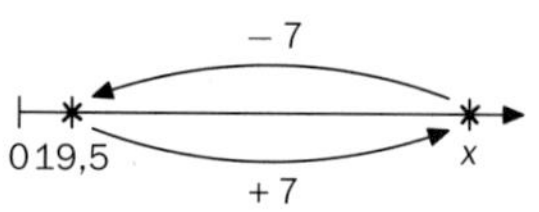

h) $x = 50$
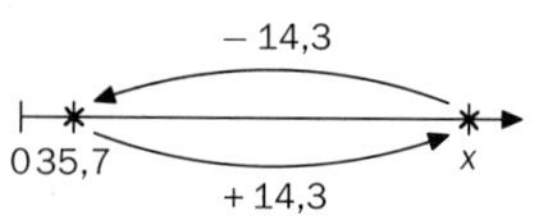

220 a)
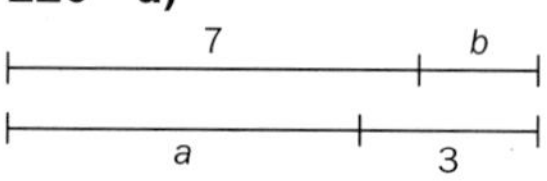

b)
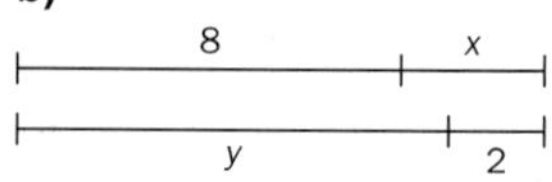

c)
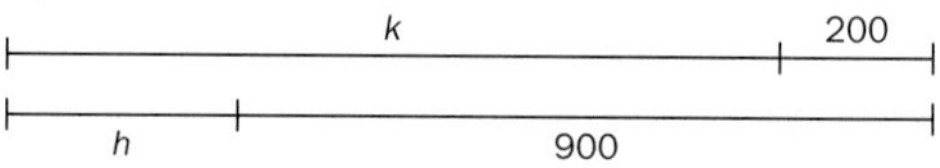

221 1) Bernd setzt verschiedene Zahlen für x ein und vergleicht anschließend die linke mit der rechten Seite der Gleichung. Er startet dabei mit dem Wert 1 und probiert dann gleich die höhere Zahl 5. Da bei diesem Wert die Ergebniszahlen nur noch um 2 abweichen, probiert er als nächsten Wert 7. Hier sind beide Seiten gleich und damit ist 7 auch die Lösung der Gleichung.
2) a) $x = 7$ **b)** $x = 27$ **c)** $x = 3$ **d)** $x = 4$

222 Im Buch ausgeführt.

223 Im Buch ausgeführt.

224 Im Buch ausgeführt.

225 Im Buch ausgeführt.

226 **a)** z. B.: $a + 3$ **b)** z. B.: $b - 4$
c) z. B.: $c - 17$ **d)** z. B.: $d + 6$
e) z. B.: $12 + e$ **f)** z. B.: $15 - f$

227 **a)** z. B.: Addiere zu 9 eine Zahl.
b) z. B.: Vermehre eine Zahl um 60.
c) z. B.: Verringere 24 um einen Wert.
d) z. B.: Subtrahiere 18 von einer Zahl.
e) z. B.: Erhöhe 3,5 um einen Wert.
f) z. B.: Vermehre eine Zahl um 14,1.
g) z. B.: Subtrahiere von einer Zahl 7,2.
h) z. B.: Vermindere 9,4 um einen Wert.

228 **a)** $w + 2$ **b)** $w - 5$

229 **a)** $25 - b$ **b)** $b + s$ **c)** $25 - b - s$

230 **a)** z. B.: Lisa fährt an einem Sonntag 3 km mehr als an einem Schultag.
b) z. B.: Lisa fährt an einem Sonntag 2 km weniger als an einem Schultag.
c) z. B.: Lisa fährt an einem Sonntag 2,5 km mehr als an einem Schultag.
d) z. B.: Lisa fährt an einem Sonntag 4,3 km weniger als an einem Schultag.

231 **a)** z. B.: Den Betrag den Andrej schon hat.
b) z. B.: Der Betrag, der noch fehlt, wenn er die g €, die er zum Geburtstag bekommen hat, für den Kauf des Handys verwendet.
c) z. B.: Der Betrag, der Andrej noch fehlt, wenn er sein gesamtes Erspartes für den Kauf des Handys verwendet.
d) z. B.: Den Betrag, den Andrej noch sparen muss.

232 z. B.: $73 = g + 62$

233 **a)** z. B.: $g + v = 22$ **b)** z. B.: $g = 5 + v$
c) z. B.: $g + 9 = v$

234 ☒ ☐ ☒ ☒ ☐

235 **a)** z. B.: Wenn Pauls Vater diese Woche noch 5 Stunden mehr arbeitet, hat er insgesamt 25 Stunden gearbeitet.
b) z. B.: Wenn Pauls Vater diese Woche 8 Stunden weniger arbeitet, hat er insgesamt 12 Stunden gearbeitet.
c) z. B.: Wenn Pauls Vater diese Woche noch 3,5 Stunden mehr arbeitet, hat er insgesamt 23,5 Stunden gearbeitet.
d) z. B.: Wenn Pauls Vater diese Woche insgesamt 23 Stunden arbeitet, hat er 3 Stunden mehr gearbeitet als üblich.

236 **a)** z. B.: Im Tierheim sind 23 Hunde und Katzen.
b) z. B.: Es gibt 2 Katzen mehr als Hunde.
c) z. B.: Es gibt 7 Hunde weniger als Katzen.
d) z. B.: Es gibt um 8 Hunde mehr als Katzen.

237 Im Buch ausgeführt.

238 Im Buch ausgeführt.

239 Im Buch ausgeführt.

240 $G = B + F + 2 + 1 + 1 = B + F + 4$

241 $E = G + L$, wobei E … Einkommen, G … Grundprämie und L … leistungsbezogene Erfolgsprämie

242 $G = r + g + p + w$, wobei r, g, p und w die Anzahlen der roten, gelbe, pinken und weißen Rosen sind

243 $G = F + V + S + M$, wobei F, V, S und M die Anzahlen der Fußbälle, Volleybälle, Softbälle und Medizinbälle sind

244 **a)** $N = B - T$ **b)** $T = B - N$

245 **a)** z. B.: Die Gesamtzahl der Fische f in einem Aquarium ergibt sich aus der Summe der Anzahl der Katzenwelse k und der Anzahl der Elefantenrüsselfische e.
Von den f geernteten Feigen haben k Stück die Kinder und e Stück die Erwachsenen gegessen. Es sind keine übriggeblieben.
b) z. B.: Die Gesamtzahl der Tiere t auf einem Hof ergibt sich aus der Summe der Anzahl der Schweine s, der Ziegen z und der Ferkel f.
Von den t Tortenstücken wurden s Stück von den Schülern und Schülerinnen, z Stück von den Zuckerbäckern z und f Stück von ihren Frauen aufgegessen. Es sind keine Stücke übriggeblieben.
c) z. B.: Die Anzahl der Kirscheiskugeln k auf einer Geburtstagsfeier ergibt sich aus der Gesamtzahl aller Eiskugeln e minus der Anzahl der Apfeleiskugeln a.
Kerstin hat k Stück Kastanien gesammelt. Emil hat um a Stück mehr gesammelt.

d) z. B.: Die Anzahl der Radieschenpflanzen r in einem Gemüsegarten ergibt sich aus der Gesamtzahl aller Gemüsepflanzen g minus der Anzahl aller Paradeispflanzen p minus der Anzahl aller Salatpflanzen s.
Gibt man von der Gesamtzahl g aller Stifte die pinken p und die schwarzen s weg, so bleiben nur rote Stifte r übrig.

246 **1)** Drei Drittel zu je 20 min sind 60 min Nettospielzeit. Daher ergibt sich die Bruttospielzeit aus Nettospielzeit plus den Pausen plus den Spielunterbrechungen.
2) $B = 115$ min **3)** $A = 51$ min

247 **1)** $E = A + 40 + C + G - J - K - H$
2) $E = 64$ € **3)** $H = 31$ €

248 **a)** $G = 26$ kg **b)** $M = 11$ kg **c)** $V = 13{,}2$ kg

249 Im Buch ausgeführt.

250 Im Buch ausgeführt.

251 Im Buch ausgeführt.

252 Im Buch ausgeführt.

253 **a)** 2 min 28 s **b)** 6 min 30 s **c)** 1 h 32 min
d) 10 h 30 min **e)** 2 d 2 h **f)** 5 d 5 h
g) 1 d 21 h **h)** 7 d 7 h

254 **a)** 40 h **b)** 68 h **c)** 3 h **d)** 2,5 h
e) 36 h **f)** 56 h **g)** 4 h **h)** 4,5 h

255 Nein, mit 2,5 h sind zweieinhalb Stunden gemeint, also 2 Stunden und 30 Minuten und nicht 2 h 50 min.

256 Der Film endet um 23:37 Uhr.

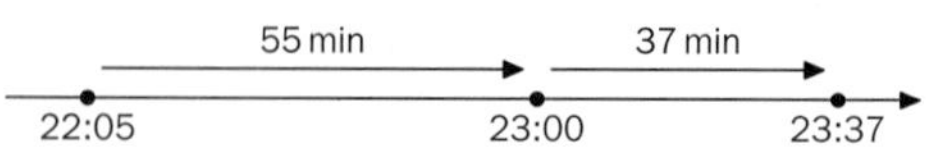

257 Die Show endet um 22:43 Uhr.

258 Der Zug erreicht um 13:10 Uhr Lyon.

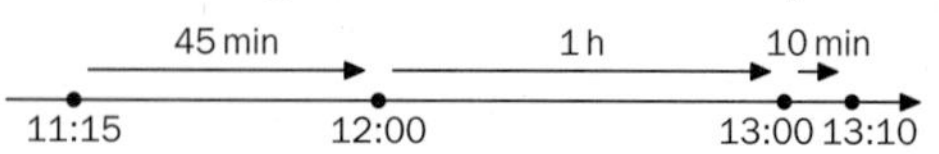

259 Mit der M. Express kommt man um 16:30 Uhr an, mit der S. Express um 15:30 Uhr und mit der Cruise-Ferry um 19:35 Uhr.

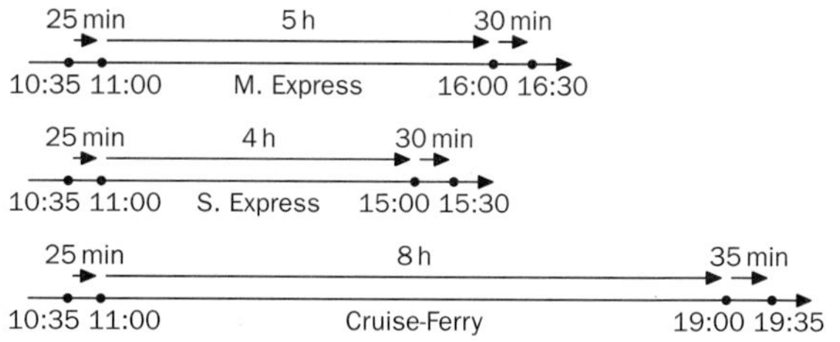

260 Der Film dauert 1 Stunde 51 Minuten.

261 Der Flug dauert 2 Stunden 5 Minuten.

262 Die Fahrt dauert 8 Stunden 31 Minuten.

263 **a)** Man fährt mindestens 1 Stunde 10 Minuten und höchstens 1 Stunde 25 Minuten.
b) Es bedeutet, dass der Zug hier nicht stehenbleibt.
c) Die Teilstrecke mit der kürzesten Fahrzeit ist von Annaberg nach Wienerbruck-Josefsberg (4 min) und die Teilstrecke mit der längsten Fahrzeit ist von Laubenbachmühle nach Gösing (45 min, Zugnummer P39905).
d) —

264 **a)**

83 +	72 =	155
7 032 +	248 =	7 280
3 503 +	8 902 =	12 405
24 929 +	31 191 =	56 120
35 547 +	40 413 =	75 960

b)

16,2 +	20,3 =	36,5
59,8 +	32,9 =	92,7
0,9 +	7,2 =	8,1
12,8 +	2,2 =	15
89,7 +	62,6 =	152,3

265 **a)** 130 **b)** 882 **c)** 7 884 **d)** 139 421
e) 89,6 **f)** 142,36 **g)** 22,12 **h)** 183,71

266 **a)**

58 –	24 =	34
789 –	477 =	312
5 983 –	4 655 =	1 328
83 571 –	24 820 =	58 751
90 401 –	29 976 =	60 425

b)

62,3 –	43,4 =	18,9
93,4 –	78,7 =	14,7
67,5 –	42,2 =	25,3
520,3 –	198,3 =	322
743,5 –	362,6 =	380,9

267 **a)** 16 **b)** 61 **c)** 2 143 **d)** 63 191
e) 209,9 **f)** 49,68 **g)** 77,46 **h)** 4,92

268 **a)** $9 + 4 = 13$ **b)** $108 - 5 = 103$
c) $186 + 26 = 212$

269 a) richtig, richtig, richtig, richtig, falsch, richtig
b) falsch, richtig, falsch, richtig, richtig, falsch

270 a) 2,6 **b)** 149,7 **c)** 18,6 **d)** 12,36
e) 20,9 **f)** 26,54

271 a) $9+8=17$; $17-8=9$; $17-9=8$
b) $5{,}2+3{,}2=8{,}4$; $8{,}4-3{,}2=5{,}2$; $8{,}4-5{,}2=3{,}2$

272 ☐ ☐ ☒ ☐

273 ☐ ☒ ☐ ☐

274 a) 25 **b)** 22 **c)** 110 **d)** 104,2

275 a) 4,1 **b)** 1,5 **c)** 55,19 **d)** 33,05

276 Nein, weil es insgesamt nur 8 994 Punkte sind.

277 1) In Österreich gab es 2020 insgesamt 30 670 Verkehrsunfälle.
2) In Oberösterreich gab es 425 Verkehrsunfälle weniger als in Niederösterreich.
3) Weil es dort viel weniger Einwohner gibt als beispielsweise in NÖ oder OÖ.

278 $350-(187+96)=67$
Es können noch 67 Karten verkauft werden.

279 1) Der Arlbergtunnel ist 13 970 m lang.
2) Der Tauerntunnel ist 8 550 m lang.

280 Johnsbach liegt auf einer Seehöhe von 753 m.

281 $200-(83{,}5+63{,}3+34{,}1+6{,}9)=12{,}2$
Das Gepäck darf maximal 12,2 kg wiegen.

282 $200-(52{,}90+36{,}90+22{,}90+26{,}90+19{,}90+$
$+6{,}90)=33{,}60$
Er bekommt 33,60 € Wechselgeld.

283 $3\,308{,}70-(230+83{,}36+5)+484=3\,474{,}34$
Der neue Kontostand beträgt 3 474,34 €.

284 a) $x=7$

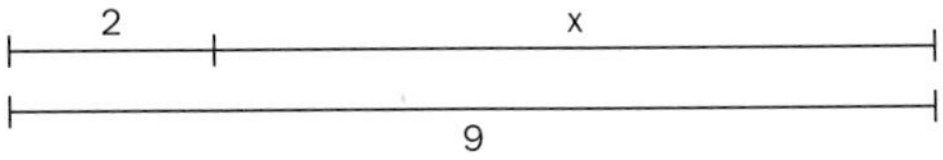

b) $x=6$

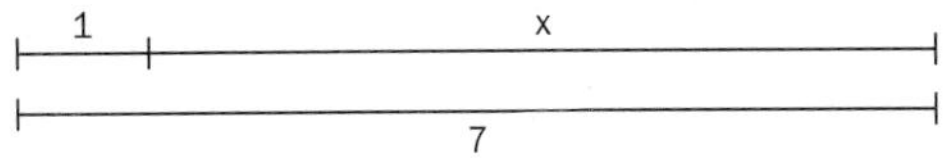

c) $x=7$

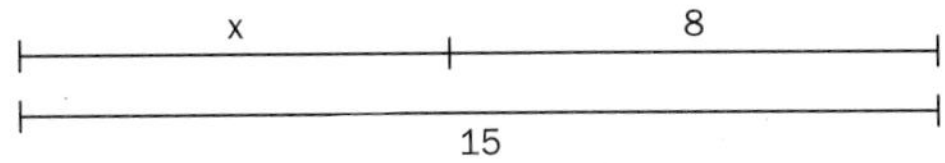

d) $x=13$

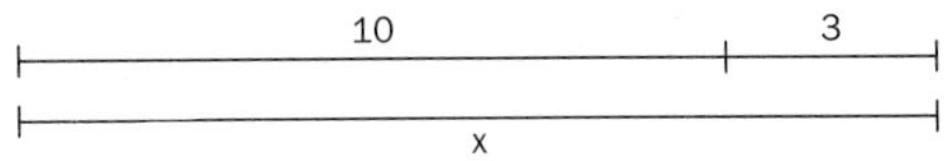

e) $x=0{,}8$

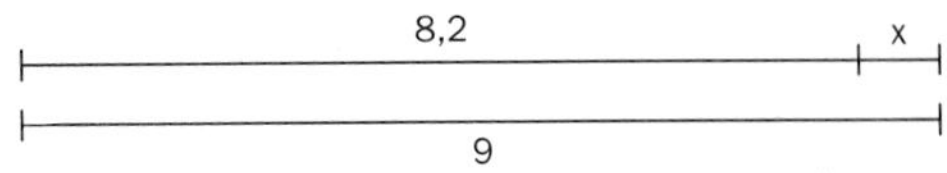

f) $x=8$

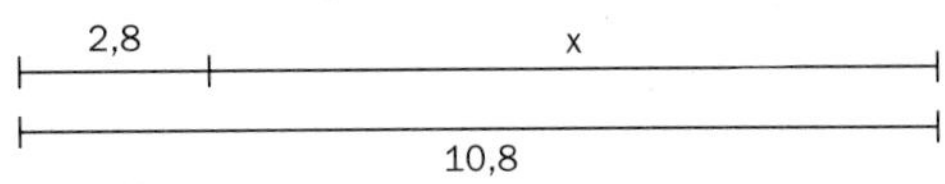

g) $x=2$

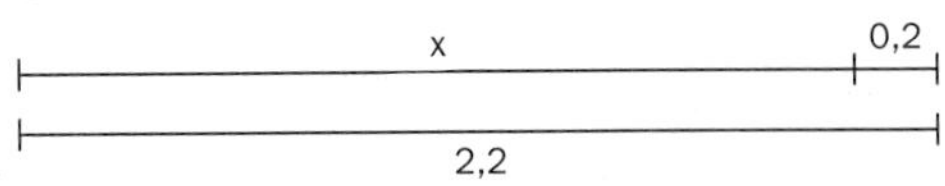

h) $x=6{,}6$

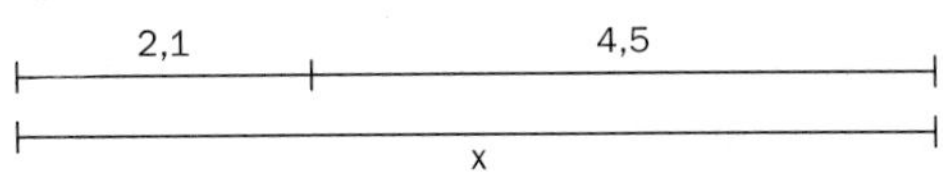

285 a) $x=18$

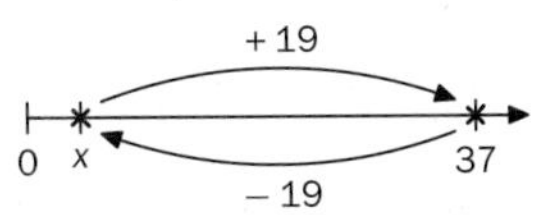

b) $x=23$

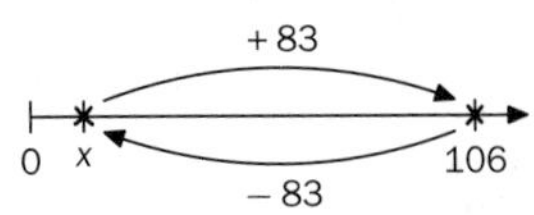

c) $x=42$

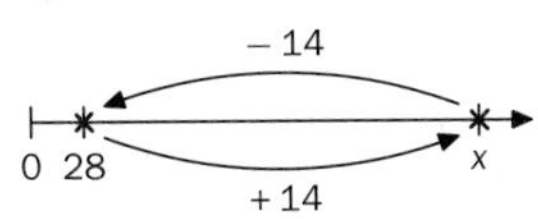

d) $x=212$

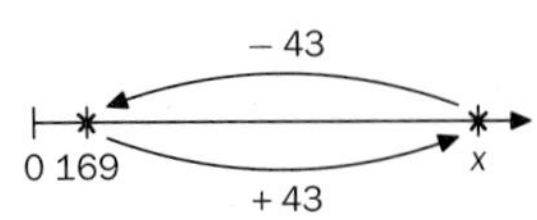

e) $x=15{,}5$

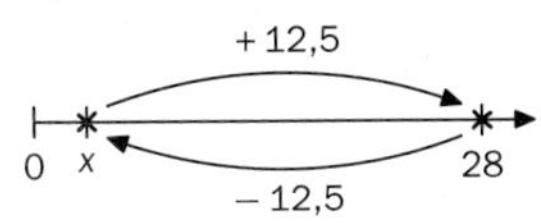

f) $x=24{,}5$

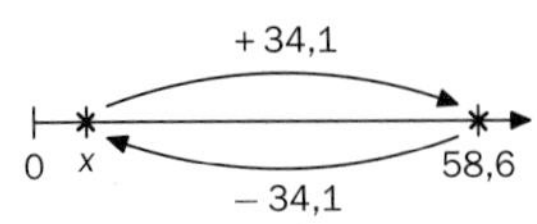

g) $x=42{,}2$

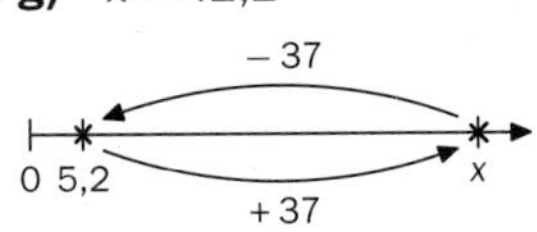

h) $x=37{,}7$

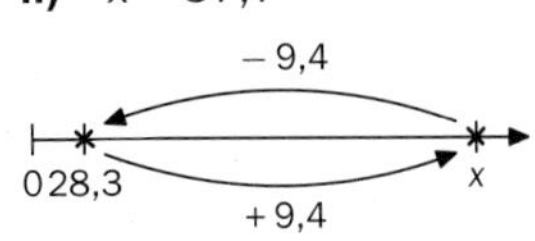

286 B A D C E

287 a) $1{,}5 + d = f$

b) $u + r = p + g$

c) $i + h = o + k + n$

288 a) z. B.: Die Gesamtzahl der Apfelbäume *a* in einem Obstgarten ergibt sich aus der Summe der Anzahl der Bäume der Sorte Elstar *e* und der Anzahl der Bäume der Sorte Vanda Apfel *v*.
Anna hat *a* DVDs, das sind gleich viele wie Erwins DVDs *e* und Veronikas DVDs *v* zusammen.

b) z. B.: Das Gesamtgewicht der Zutaten *z* für ein Risotto (ohne Gewürze) ergibt sich aus der Summe des Gewichts der Paradeiser *p*, des Gewichts vom Reis *r* und des Gewichts der Nüsse *n*.
Der Preis für das Zanderfilet *z* ist genau gleich hoch wie der Preis für die Pizza *p* und den Reis *r* und das Nudelgericht *n* zusammen.

c) z. B.: Die Anzahl der Elefanten *e* in einem Zoo ist gleich wie die Anzahl der Giraffen *g* minus der Anzahl der Löwen *l*.
Die Länge des Essplatzes im Garten *e* ist gleich wie die Länge des Gemüsebeetes *g* ohne der Länge des Lagerfeuerplatzes *l*.

d) z. B.: Die Anzahl der gelben Farbstifte *g* in einem Federpennal ist gleich der Anzahl der schwarzen Farbstifte *s* minus der Anzahl der roten Farbstifte *r* plus der Anzahl der orangenen Farbstifte *o*.
Geralds Zahl *g* ist gleich groß wie Susis Zahl *s* minus Rudis Zahl *r* plus Ottos Zahl *o*.

289 $G = E - (W + P + K)$

290 $Ü = B + S + K + C + L$, wobei *Ü* die Anzahl übrig gebliebener Produkte, *B* die Anzahl der Brote, *S* die Anzahl der Semmeln, *K* die Anzahl der Kuchen, *C* die Anzahl der Croissants und *L* die Anzahl der Laugenbrezeln ist.

291 1) $A = S + K + H + G$ **2)** $H = 36$

292 $B = P - R$
Die Höhe des Rabatts hängt normalerweise von der Höhe des Kaufpreises ab. Dies wird in der Formel nicht berücksichtigt.

293 a) 1 min 25 s **b)** 2 min 23 s **c)** 1 h 40 min **d)** 4 h 10 min **e)** 5 min 20 s **f)** 3 h 15 min **g)** 2 d 4 h **h)** 1 d 15 h

294 a) 27 h **b)** 73 h **c)** 2 h **d)** 5 h **e)** 58 h **f)** 46 h **g)** 4,5 h **h)** 3,5 h

295 Der Kuchen wird um 17:47 Uhr fertig sein.

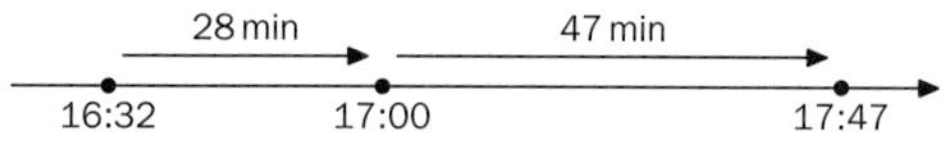

296 B C D A E

297 1) Stromaufwärts dauert die Fahrt mit der MS Wachau 2 h 55 min und stromabwärts 1 h 50 min. Der Unterschied liegt an der Strömungsrichtung der Donau. In Stromrichtung geht es schneller als gegen den Strom.

2) Die Fahrt stromaufwärts mit der MS Dürnstein dauert 3 h 5 min.

3) Die MS Wachau fährt fünf Anlegestellen, die MS Dürnstein nur vier an.

4) Bei der MS Wachau ist die Teilstrecke Spitz ↔ Emmersdorf (stromaufwärts 1 h 10 min, stromabwärts 30 min) am längsten und die Teilstrecke Emmersdorf ↔ Melk/Altarm (stromaufwärts und stromabwärts 10 min) am kürzesten.
Hinweis: In der Station Spitz hat die MS Wachau einen Aufenthalt. Die Zeit vor dem Schrägstrich gibt dabei die Ankunftszeit, die Zeit nach dem Schrägstrich die Abfahrtszeit in Spitz an.

298 a)

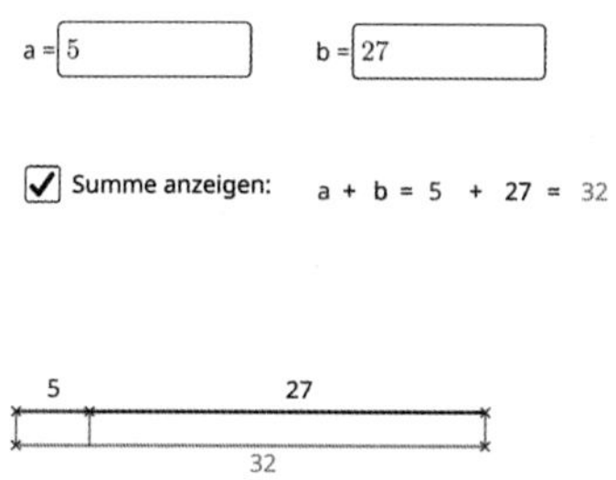

b)

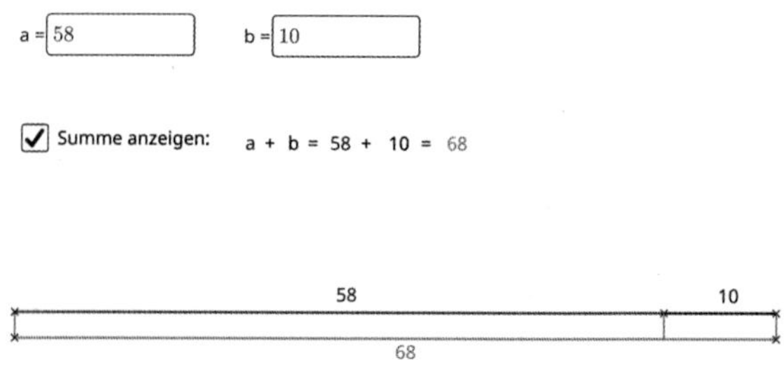

c)

a = 38 b = 12

☑ Differenz anzeigen: a − b = 38 − 12 = 26

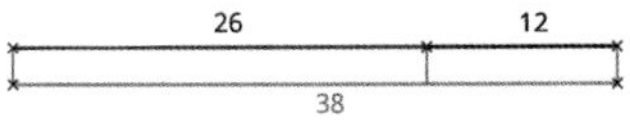

d)

a = 63 b = 12

☑ Differenz anzeigen: a − b = 63 − 12 = 51

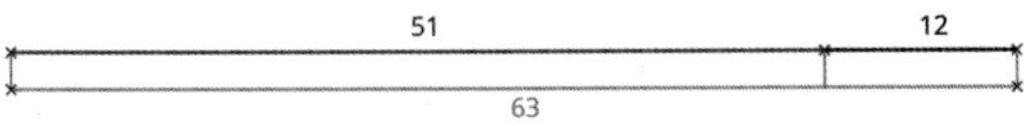

e)

a = 32.5 b = 26

☑ Summe anzeigen: a + b = 32.5 + 26 = 58.5

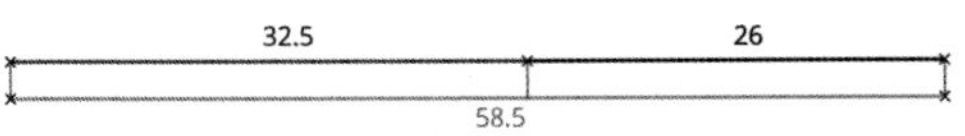

f)

a = 24.5 b = 38

☑ Summe anzeigen: a + b = 24.5 + 38 = 62.5

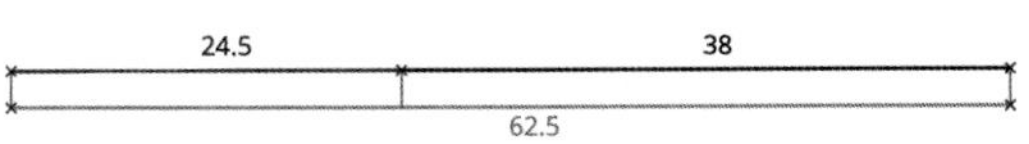

g)

a = 18.3 b = 27.1

☑ Summe anzeigen: a + b = 18.3 + 27.1 = 45.4

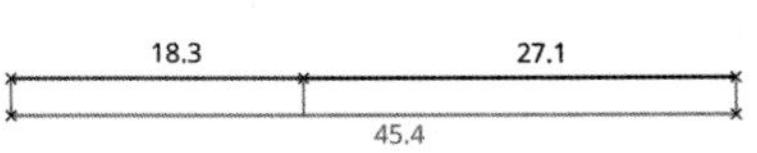

h)

a = 58.8 b = 23

☑ Differenz anzeigen: a − b = 58.8 − 23 = 35.8

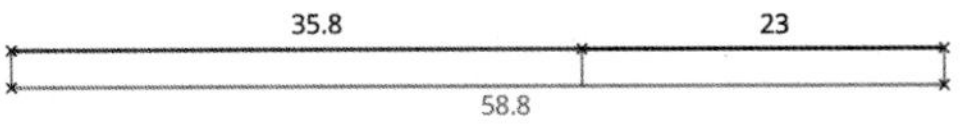

i)

a = 37 b = 12.5

☑ Differenz anzeigen: a − b = 37 − 12.5 = 24.5

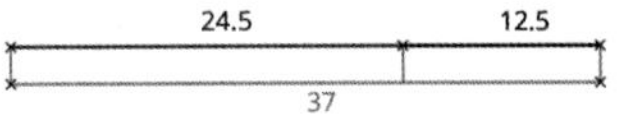

j)

a = 69.1 b = 48.3

☑ Differenz anzeigen: a − b = 69.1 − 48.3 = 20.8

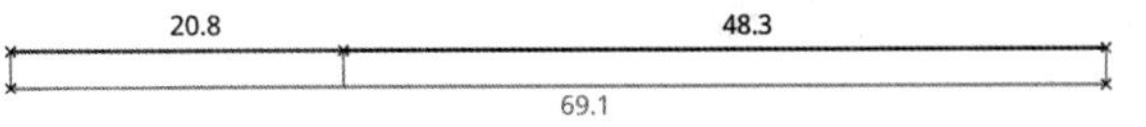

299 a) Die Behauptung ist falsch. Die Summe wird insgesamt um $10 + 10 = 20$ größer, da 10 zu jedem der beiden Summanden dazukommt.

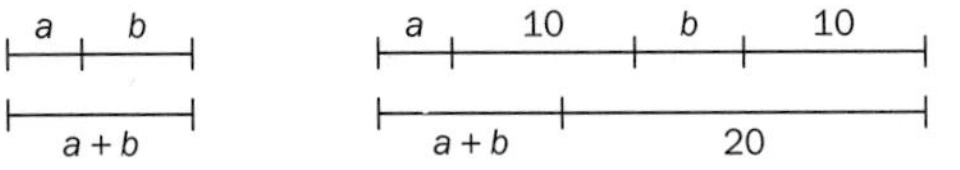

b) Die Behauptung ist richtig. Da jeder der beiden Summanden um 5 größer wird, wird die Summe um $5+5 = 10$ größer.

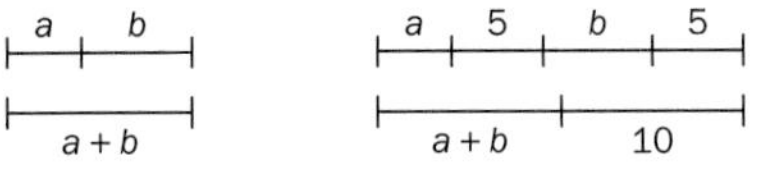

c) Die Behauptung ist richtig. Da der eine Summand um 2 und der andere um 8 größer wird, wird die Summe um $2 + 8 = 10$ größer.

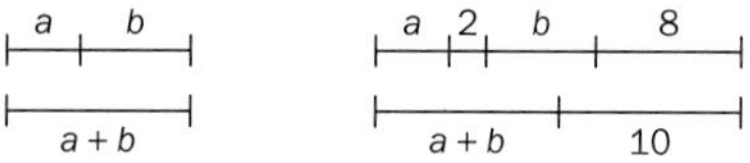

d) Die Behauptung ist falsch. Die Summe wird insgesamt um 7 größer, da der eine Summand um 2 und der andere um 5 größer wird, wird die Summe um $2 + 5 = 7$ größer.

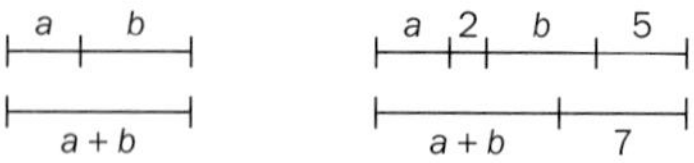

300 1) z. B.: $a = 2$; $b = 3$; $c = 10$; $d = 5$;
$a + b = 5$; $(a + 10) + (b + 5) = 12 + 8 = 20 = (a + b) + 15$
z. B.: $a = 1$; $b = 4$; $c = 2$; $d = 2$;
$a + b = 5$; $(a + 2) + (b + 2) = 3 + 6 = 9 = (a + b) + 4$
2) Wenn der eine Summand a um c erhöht wird, kommt bei der Summe c dazu und wenn der andere Summand b um d erhöht wird, so kommt bei der Summe d hinzu. Daher wird die Summe insgesamt um $c + d$ größer.

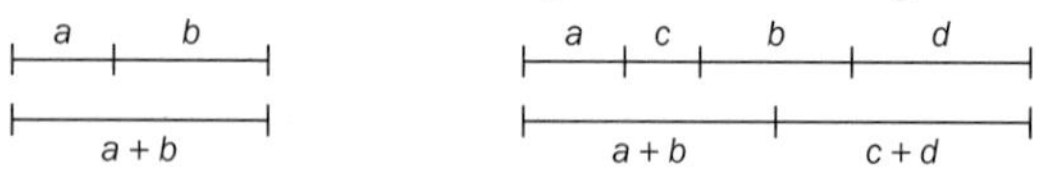

301 Für jede Summe $a + b$ gilt: Wird ein Summand um den Wert c und der andere Summand um den Wert d verringert, dann wird die Summe um den Wert $c + d$ verringert.
z. B.: Die Summe $a + b$ wird um 4 kleiner, wenn jeder Summand um 2 kleiner wird, z. B.: $a = 5$; $b = 3$;
$a + b = 8$; $(a - 2) + (b - 2) = 3 + 1 = 4 = (a + b) - 4$
z. B.: Die Summe $a + b$ wird um 10 kleiner, wenn der eine Summand um 6 und der andere Summand um 4 kleiner wird, z. B.: $a = 20$; $b = 16$;
$a + b = 36$; $(a - 6) + (b - 4) = 14 + 12 = 26 = (a + b) - 10$

302 1) Die Vorgabe ist notwendig, weil keine größere Zahl von einer kleineren Zahl abgezogen werden kann.
2) z. B.: $a = 5$; $b = 10$; $a - b = 5 - 10 = ?$

303 a) Die Behauptung ist falsch. Die Differenz bleibt gleich, da von einer um 5 größeren Zahl eine um 5 größere Zahl abgezogen wird, z. B.: $12 - 5 = 7$; $17 - 10 = 7$

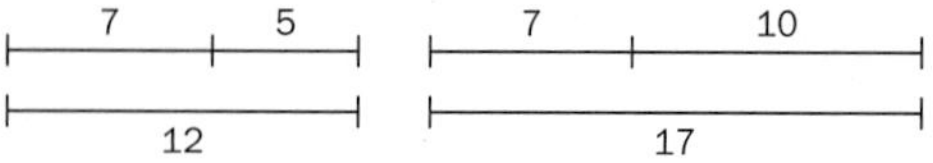

b) Die Behauptung ist richtig. Da der Minuend um 10 erhöht wird, kommt bei der Differenz 10 dazu und der Subtrahend bleibt gleich, also wird die Differenz insgesamt um 10 größer, z. B.: $8 - 3 = 5$; $18 - 3 = 15$

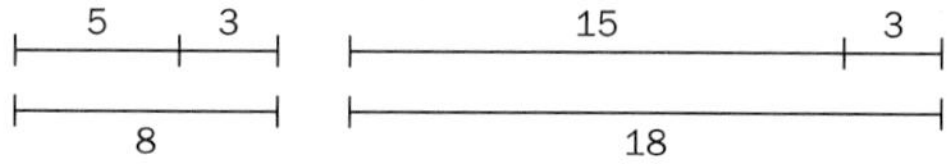

c) Die Behauptung ist richtig. Da beim Minuend 7 dazukommen, kommt bei der Differenz 7 dazu und der Subtrahend wird um 3 kleiner, also wird um 3 weniger abgezogen, d. h. es kommen nochmals bei der Differenz 3 hinzu. Damit wird die Differenz um insgesamt $7 + 3 = 10$ größer, z. B.: $10 - 6 = 4$; $17 - 3 = 14$

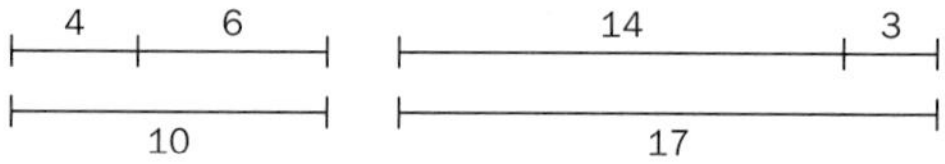

d) Die Behauptung ist falsch. Da beim Minuend 1 wegkommt, kommt bei der Differenz 1 weg und der Subtrahend wird um 9 größer, also wird um 9 mehr abgezogen, d. h. es kommen nochmals bei der Differenz 9 weg. Damit wird die Differenz um insgesamt $1 + 9 = 10$ kleiner, z. B.: $15 - 3 = 12$; $14 - 12 = 2$

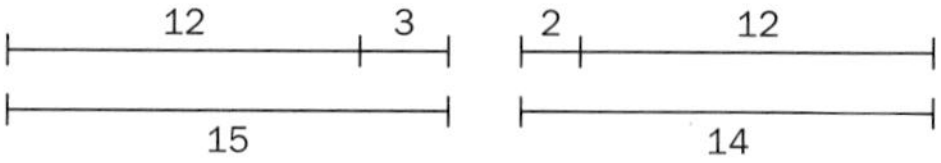

304 1) z. B.: $a = 8$; $b = 3$; $c = 10$; $d = 5$;
$a - b = 5$; $(a + 10) - (b + 5) = 18 - 8 = 10 = (a - b) + 5$
z. B.: $a = 4$; $b = 1$; $c = 2$; $d = 1$;
$a - b = 3$; $(a + 2) - (b + 1) = 6 - 2 = 4 = (a - b) + 1$
2) Wenn der Minuend a um c erhöht wird, kommt bei der Differenz c dazu und wenn der Subtrahend b um d erhöht wird, so kommt bei der Differenz d weg. Da $d < c$ ist, also weniger wegkommt als dazukommt wird daher insgesamt die Differenz um $c - d$ größer, z. B.:
$7 - 4 = 3$; $10 - 6 = 4$

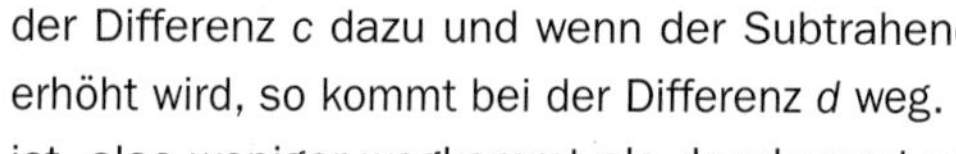

305 Für jede Differenz $a - b$ gilt: Wird der Minuend um den Wert c und der Subtrahend um den Wert $d > c$ verringert, dann wird die Differenz um den Wert $d - c$ erhöht.
z. B.: Die Differenz $a - b$ wird um 10 größer, wenn der Minuend um 2 und der Subtrahend um 12 kleiner wird, z. B.: $a = 15$; $b = 13$;
$a - b = 2$; $(a - 2) - (b - 12) = 13 - 1 = 12 = (a - b) + 10$

z. B.: Die Differenz $a - b$ wird um 5 größer, wenn der Minuend gleich bleibt und der Subtrahend um 5 kleiner wird, z. B.: $a = 20$; $b = 16$;
$a - b = 4$; $a - (b - 5) = 20 - 11 = 9 = (a - b) + 5$

306 a) Die Summe wird um 5 größer, z. B.:

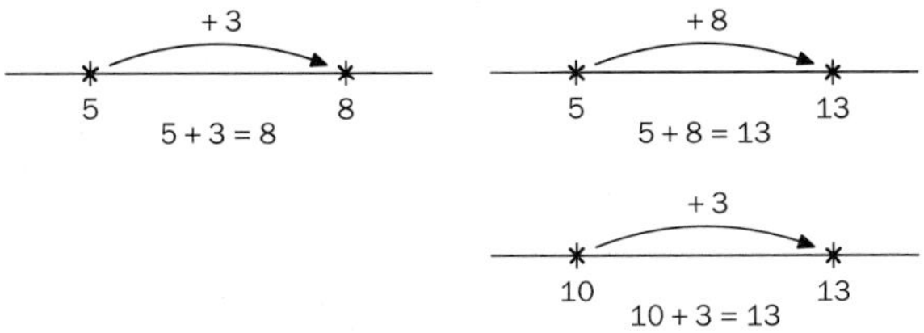

b) Die Summe wird um 8 größer, z. B.:

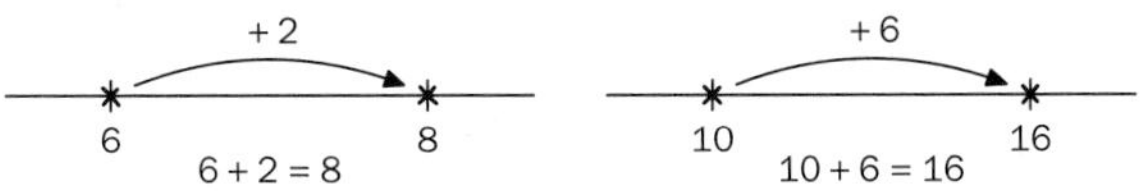

c) Die Summe wird um 6 kleiner, z. B.:

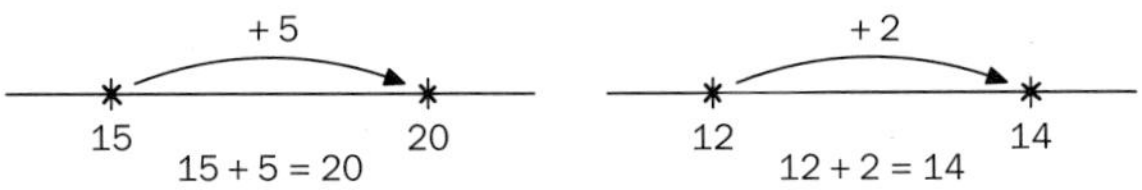

d) Die Summe wird verzehnfacht, z. B.:

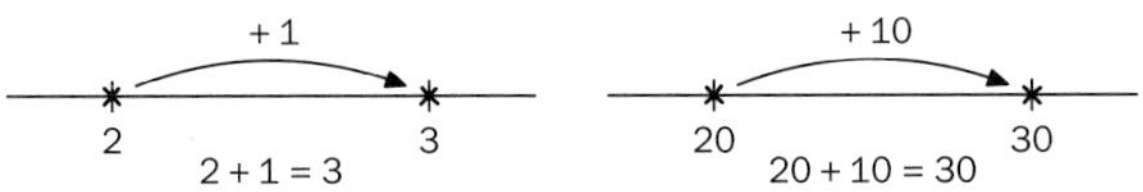

307 a) Die Differenz wird um 3 kleiner, z. B.:

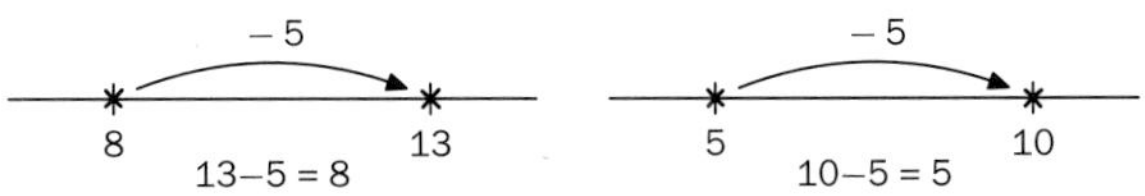

b) Die Differenz wird um 10 größer, z. B.:

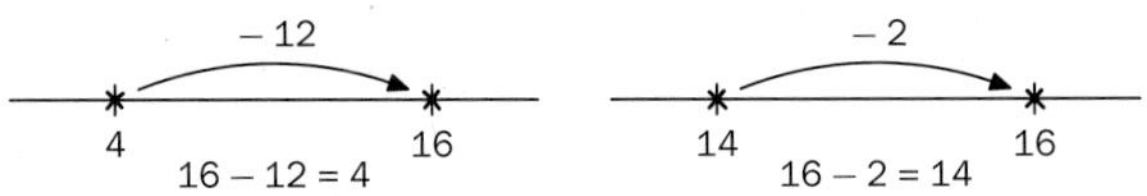

c) Die Differenz bleibt gleich, z. B.:

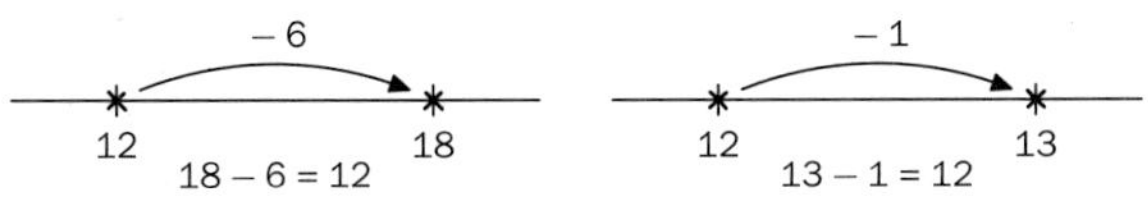

d) Die Differenz wird verzehnfacht, z. B.:

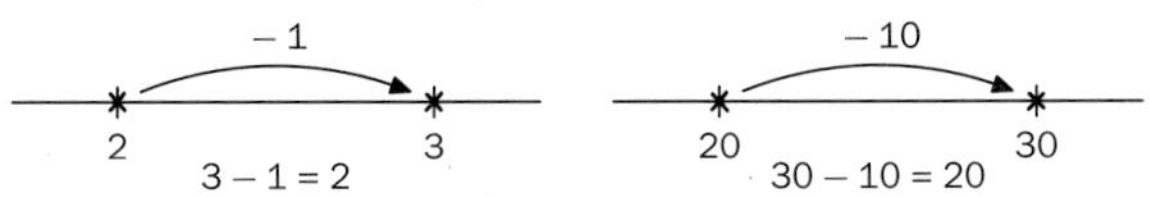

308 1) a) Die Summe bleibt gleich, wenn der eine Summand um einen Wert erhöht und der andere um den gleichen Wert verringert wird oder umgekehrt.
z. B.: $a = 26$; $b = 14$;
$a + b = 40$; $(a + 4) + (b - 4) = 30 + 10 = 40$
bzw. $(a - 4) + (b + 4) = 22 + 18 = 40$

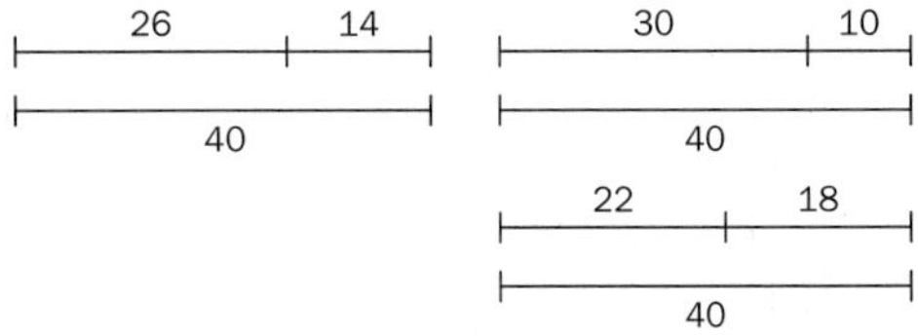

b) Die Differenz bleibt gleich, wenn der Minuend und der Subtrahend um den gleichen Wert verringert werden.
z. B.: $a = 24$; $b = 14$;
$a - b = 10$; $(a - 4) - (b - 4) = 20 - 10 = 10$

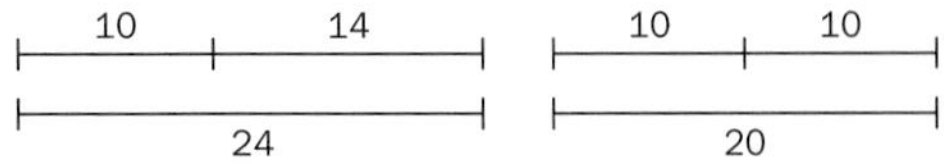

2) a) Wird der erste Summand um den Wert c erhöht, so kommt bei der Summe c dazu und wird der zweite Summand noch um den Wert c verringert, so kommt bei der Summe c weg. Insgesamt bleibt die Summe also gleich.
b) Wird der Minuend um den Wert c verringert, so kommt bei der Differenz c weg und wird der Subtrahend noch um den Wert c verringert, so wird weniger abgezogen und bei der Differenz kommt c dazu. Insgesamt bleibt die Differenz also gleich.

309 a) $1 + \ldots + 50 = 25 \cdot 51 = 1\,275$
b) $1 + \ldots + 500 = 250 \cdot 501 = 125\,250$
c) $1 + \ldots + 1\,000 = 500 \cdot 1\,001 = 500\,500$

310 größte Zahl: 5 521, kleinste Zahl: 1 125
a) Summe: 6 646, Differenz: 4 396 **b)** 2 250

311 richtig, falsch, richtig, richtig, falsch

312 falsch, richtig, richtig, falsch, richtig

313 a) $(82{,}6 - 51{,}7) + 12{,}8$
b) $(34{,}8 + 96{,}5) - 40$
c) $(84{,}8 + 5{,}2) - 4{,}5$

314 C D A B

315–331 Lösungen siehe Schulbuch (Anhang ab S. 217)

3. Geometrische Figuren

Seite 63: geometrische Figuren: z. B.: Rechteck, Quadrat, Dreieck

332 Im Buch ausgeführt.

333 Im Buch ausgeführt.

334 richtig, falsch, falsch, richtig, richtig

335 Strahl, Strecke, Gerade, Gerade, Strecke, Strahl

336 a)

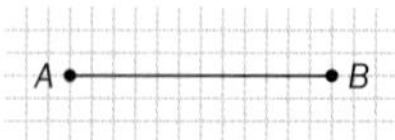

b)

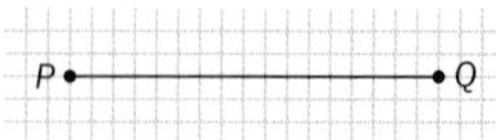

c)

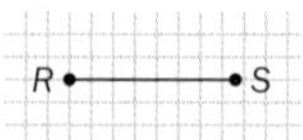

d)

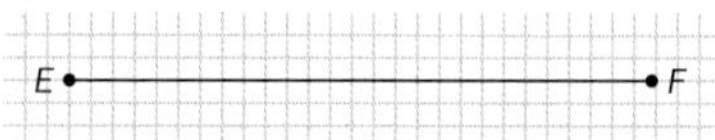

e)

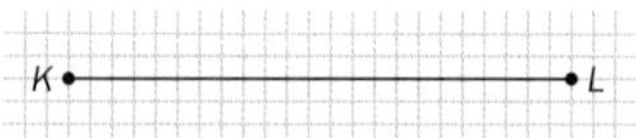

f)

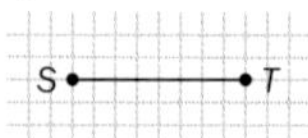

g)

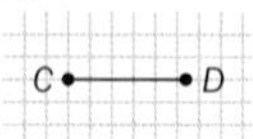

h)

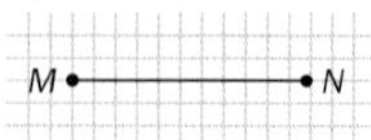

i)

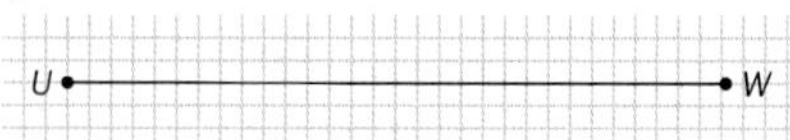

j)

337 $\overline{AF} = 6$ cm; $\overline{BG} = 13$ cm 5 mm; $\overline{CE} = 5$ cm; $\overline{DH} = 4$ cm 7 mm

338 Der Strahl hat keinen Endpunkt, daher kann er auch keine bestimmte Länge haben. Er ist unendlich lang.

339 a)

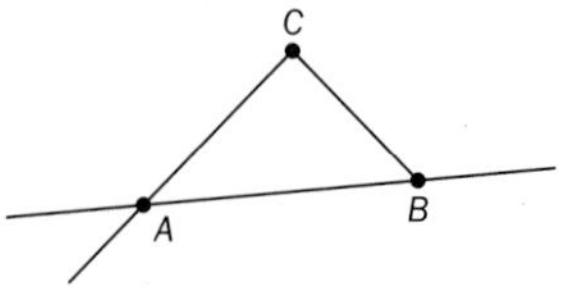

b)

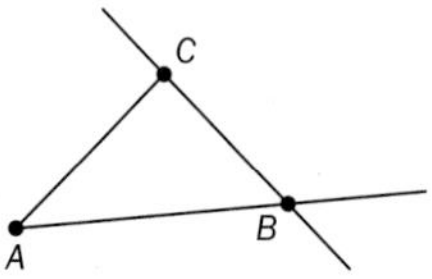

340 a) 85 mm

b) Wahrscheinlich werden eure Streckenzüge nicht gleich aussehen.

341 a) z. B.:

b) Es gibt, bis auf Drehungen, nur einen Streckenzug mit diesen Abmessungen, da die Punkte auf Grund der gegebenen Abstände auf einer Geraden liegen müssen.

342 Im Buch ausgeführt.

343 Im Buch ausgeführt.

344 a)

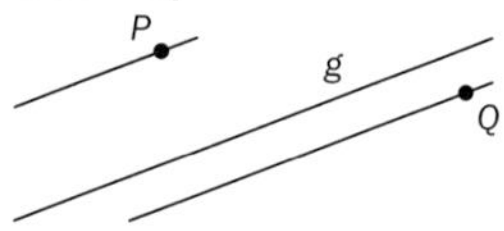

b)

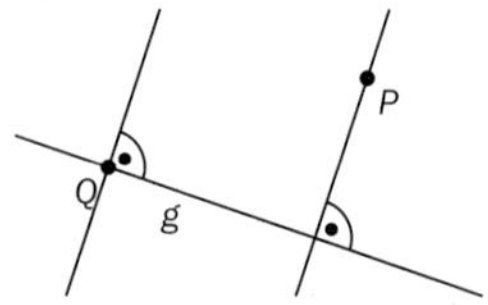

345 $a \perp b$, $a \parallel c$, $a \nparallel d$, $a \nparallel e$, $b \perp c$, $b \nparallel d$, $b \nparallel e$, $c \nparallel d$, $c \nparallel e$, $d \perp e$

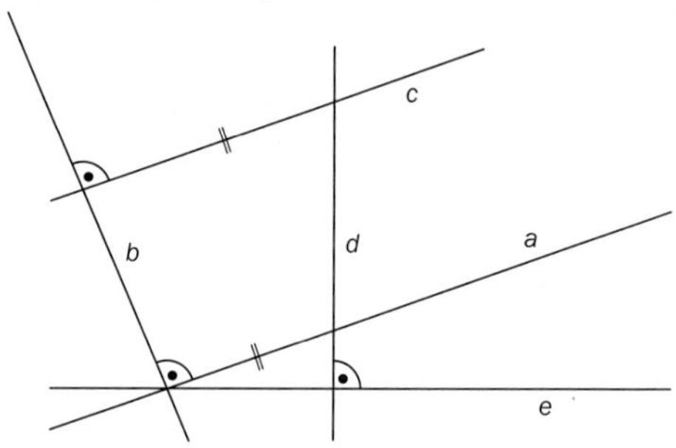

346 falsch, richtig, falsch, falsch, richtig

347 z. B.:

a)

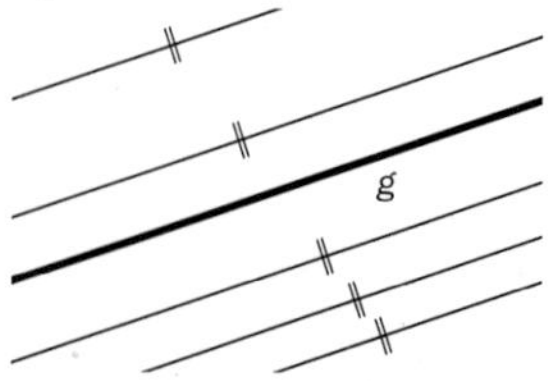

b)

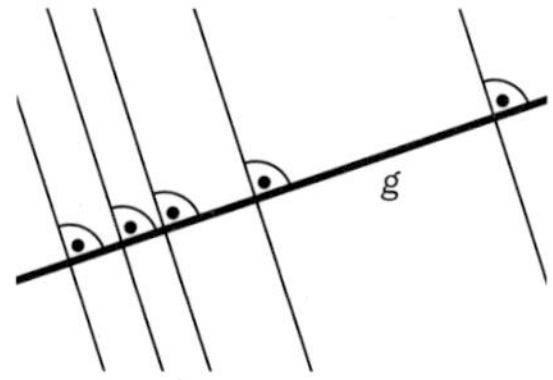

348 $g \perp n_1$, $g \perp n_2$, $n_1 \parallel n_2$, z. B.:

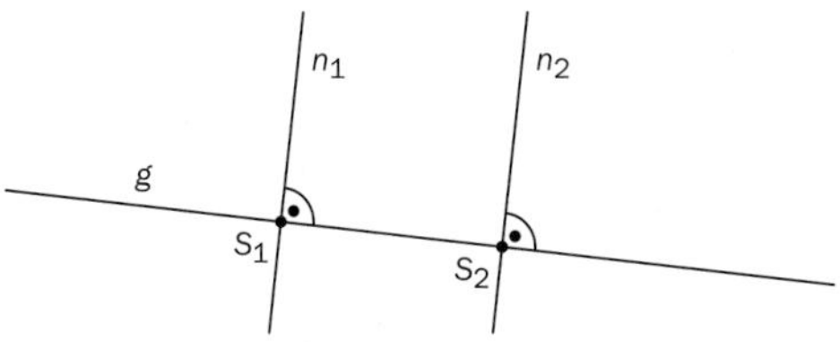

349 $a \parallel b$, z. B.:

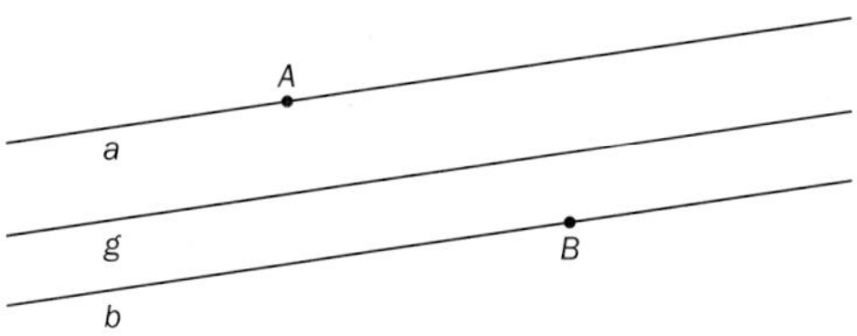

350 Die Geraden p und n stehen aufeinander normal, z. B:

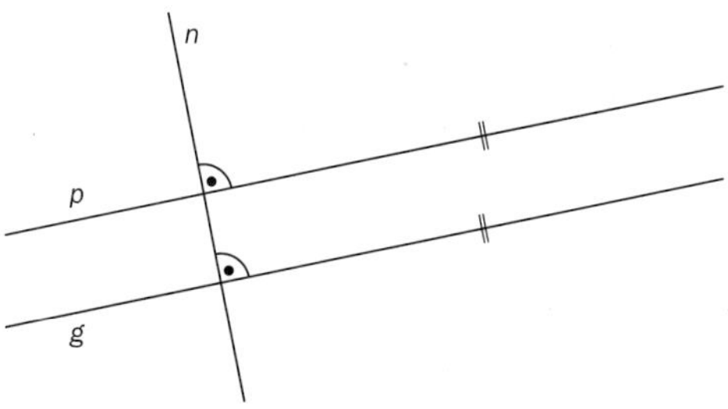

351 Die Geraden g und h haben einen gemeinsamen Schnittpunkt, z. B.:

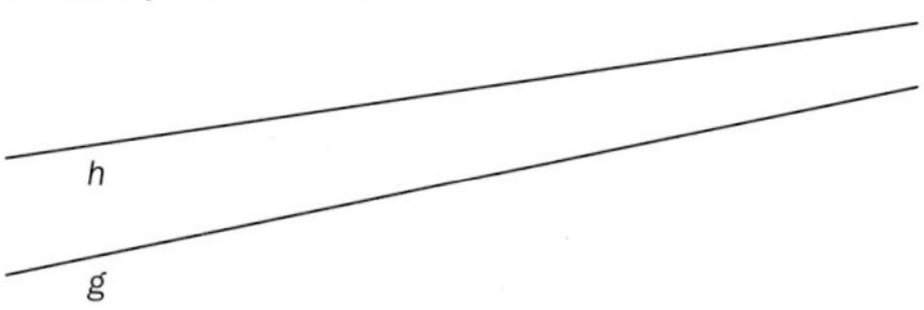

Hinweis: Auch wenn der Schnittpunkt in der Zeichnung nicht sichtbar ist, so gibt es trotzdem einen, da es sich um Geraden handelt, die unendlich lang sind.

352 z. B.:

a)

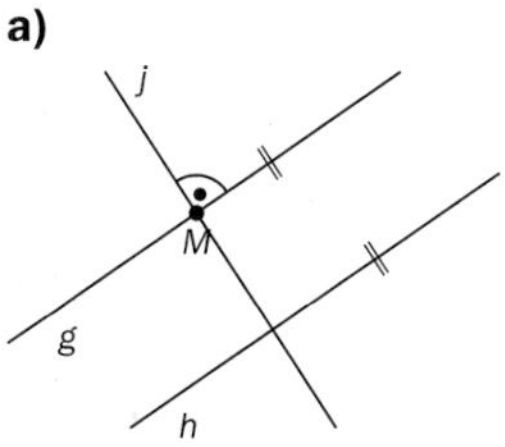

b)

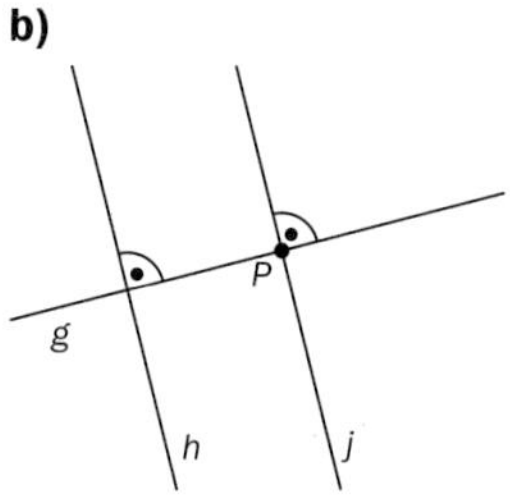

c)

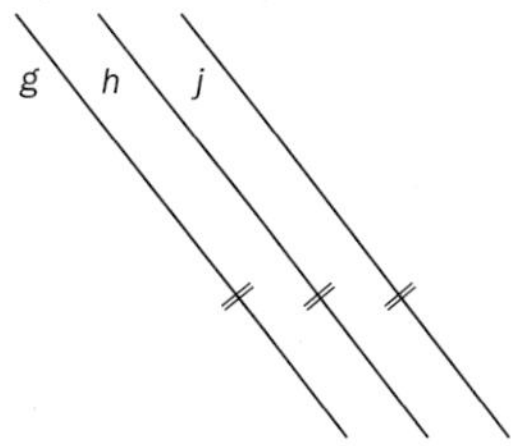

d)

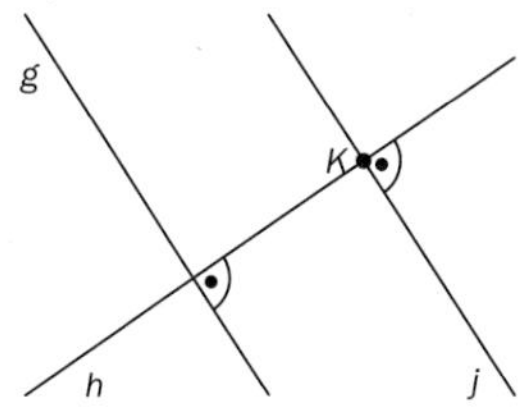

353 Im Buch ausgeführt.

354 Im Buch ausgeführt.

355 **a)** $A \notin g$, $A \in h$, $B \notin g$, $B \in h$, $C \in g$, $C \notin h$, $D \in g$, $D \notin h$, $E \in g$, $E \in h$, $F \notin g$, $F \notin h$

b) $P \notin g$, $P \in h$, $Q \notin g$, $Q \in h$, $R \in g$, $R \notin h$, $S \in g$, $S \notin h$, $T \notin g$, $T \notin h$, $U \in g$, $U \in h$

356 **a)** $A \notin g$, $A \in n$, $B \notin g$, $B \notin n$, $C \in g$, $C \in n$, $D \in g$, $D \notin n$

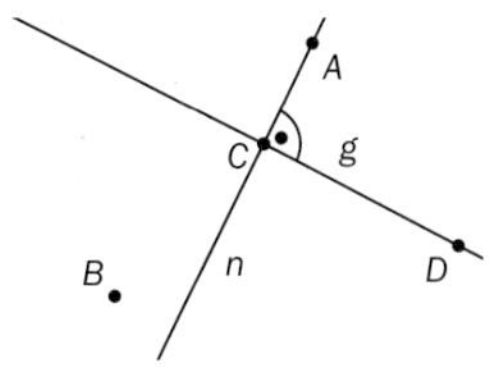

b) $A \notin g$, $A \in n$, $B \notin g$, $B \in n$, $C \in g$, $C \notin n$, $D \in g$, $D \notin n$

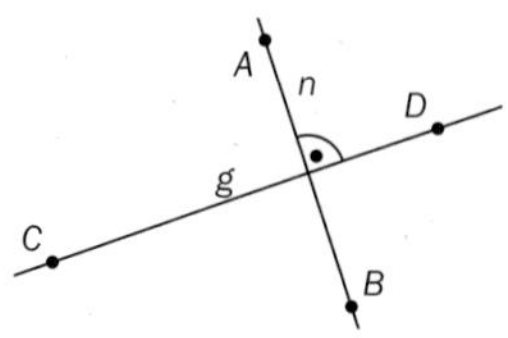

357 **a)**
$d(P, g) = 29$ mm;
$d(Q, g) = 19$ mm;
$d(R, g) = 8$ mm;
$d(S, g) = 15$ mm

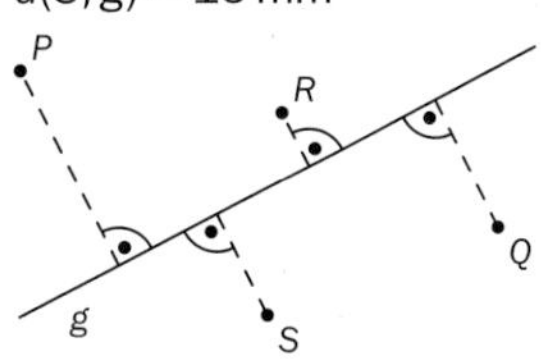

b) $d(A, h) = 36$ mm;
$d(B, h) = 24$ mm;
$d(C, h) = 14$ mm;
$d(D, h) = 5$ mm

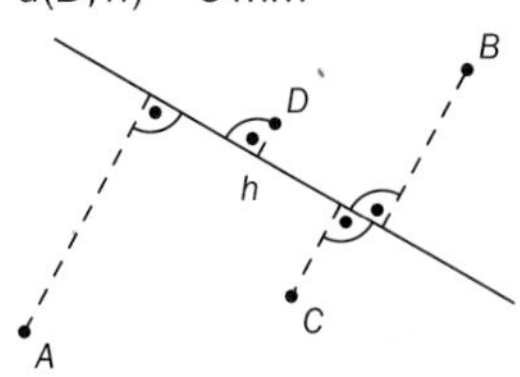

358 **a)** $d(A, g) = 15$ mm; $d(B, g) = 28$ mm; $d(C, n) = 0$ mm; $d(D, n) = 30$ mm

b) $d(A, g) = 16$ mm; $d(B, g) = 16$ mm; $d(C, n) = 32$ mm; $d(D, n) = 21$ mm

359 z. B.:

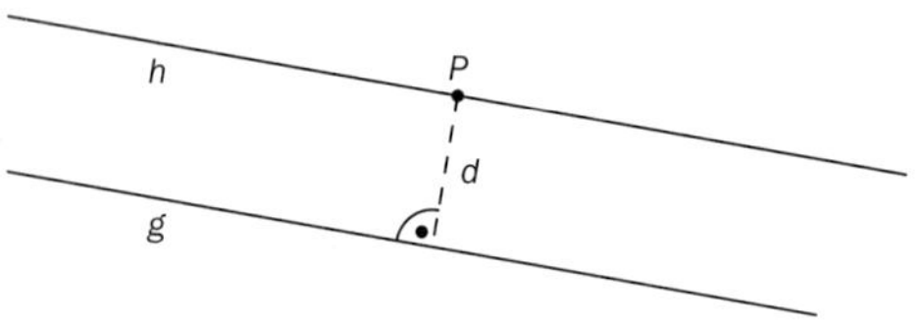

$d(A, g)$ = individuelle Lösungen

360 z. B.:

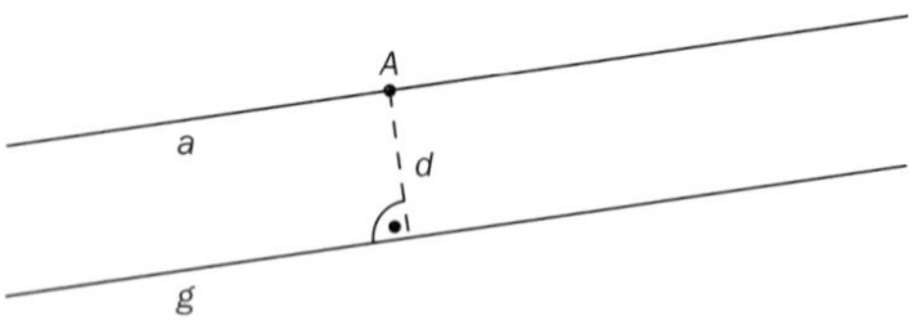

a) $d(A, g)$ = individuelle Lösungen

b) Alle Punkte, die von g denselben Abstand wie A haben liegen auf der Geraden a, die zu g parallel ist und durch den Punkt A geht und auf einer zweiten Geraden, die ebenfalls zu g parallel ist, aber im gleichen Abstand auf der anderen Seite liegt.

361 z. B.:

a)

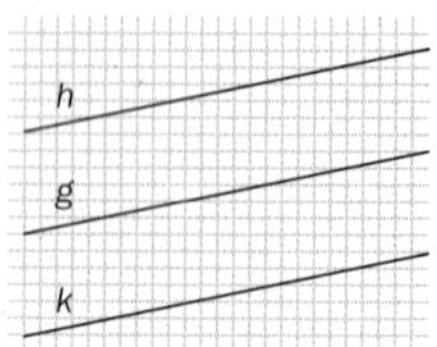

b)

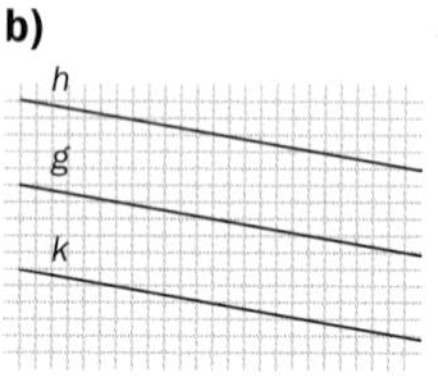

c)

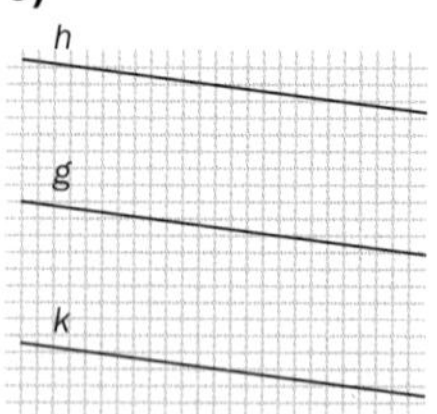

362 $e \parallel f$, z. B.:

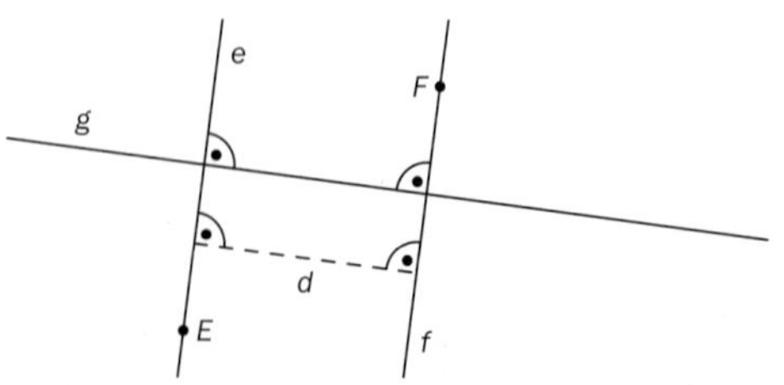

$d(e, f)$ = individuelle Lösungen

363 Im Buch ausgeführt.

364 Im Buch ausgeführt.

365 Im Buch ausgeführt.

366 z. B.: Tisch, Buch, …
Viele Gegenstände sind rechteckig, z. B. weil es beim Erstellen dann häufig wenig Verschnitt gibt oder weil sich solche Figuren gut stapeln lassen, …

367 **a)**

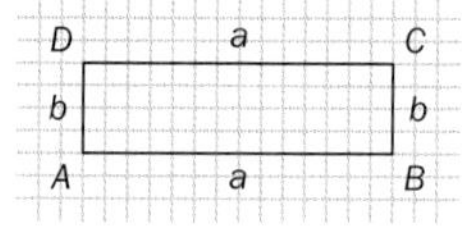

b)

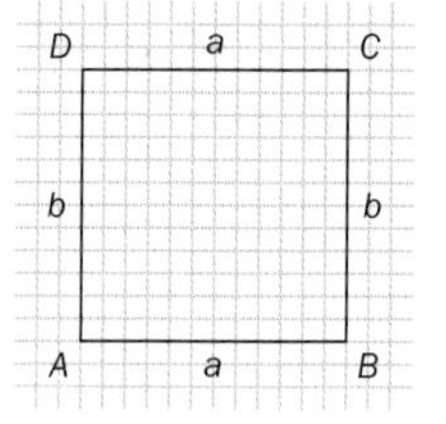

c)

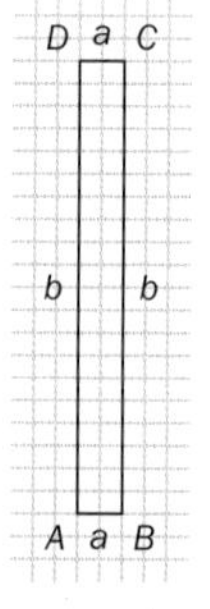

d)

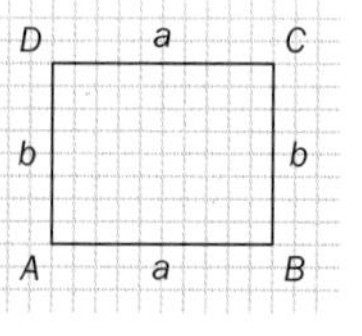

368 **a)** $d = 78\,\text{mm}$

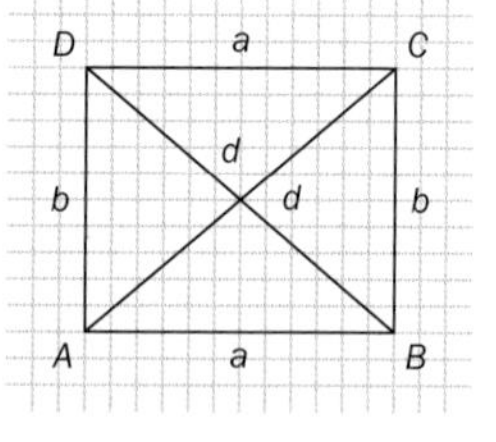

b) $d = 95\,\text{mm}$

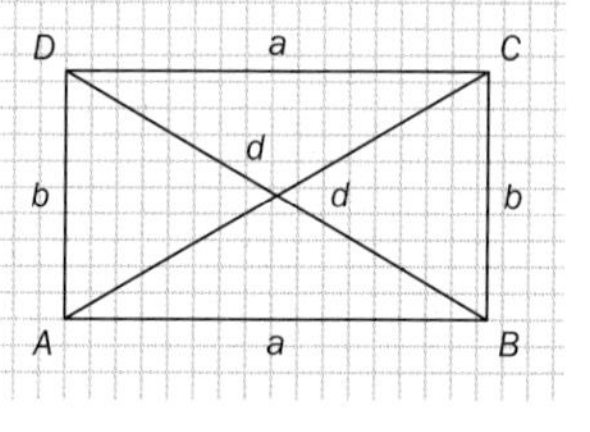

c) $d = 68\,\text{mm}$

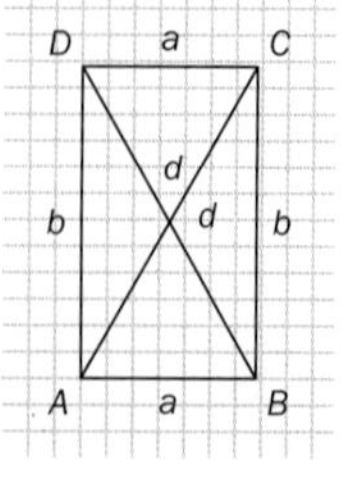

d) $d = 52\,\text{mm}$

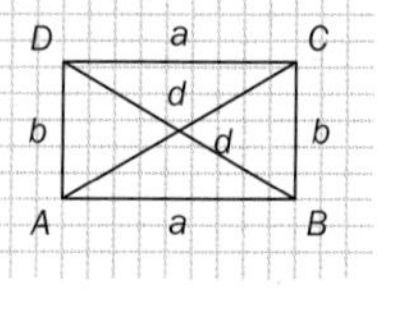

369 Wenn alle vier Seiten gleich lang sind und normal aufeinander stehen, ist es ein Quadrat.

370 **a)** $d = 85\,\text{mm}$

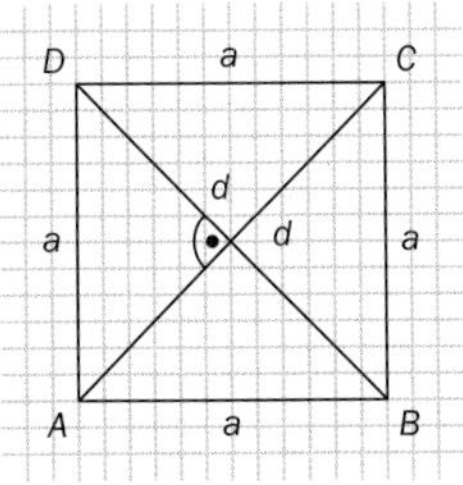

b) $d = 71\,\text{mm}$

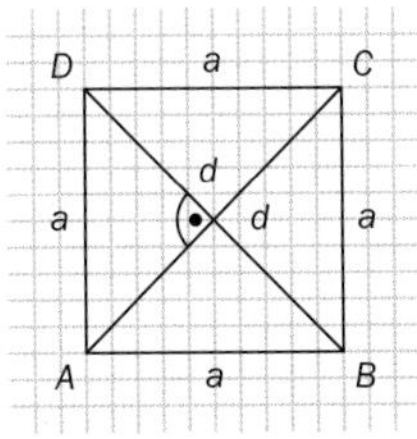

c) $d = 51\,\text{mm}$

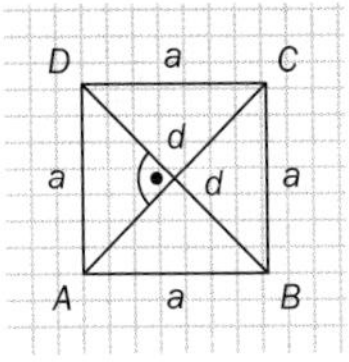

d) $d = 62\,\text{mm}$

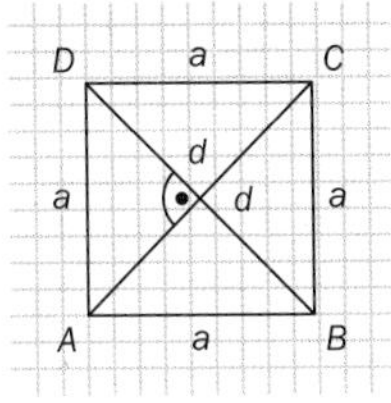

371 Es entsteht ein größeres Quadrat mit der Seitenlänge der ursprünglichen Diagonale $d = 42\,\text{mm}$.

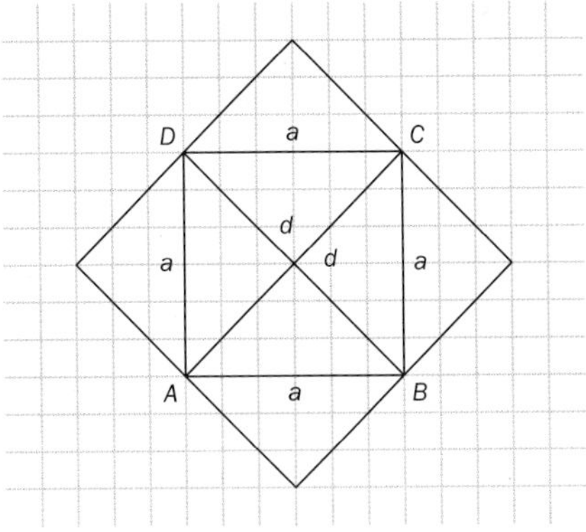

372 Das entstandene Viereck ist kein Rechteck, da die Seiten nicht aufeinander normal stehen.

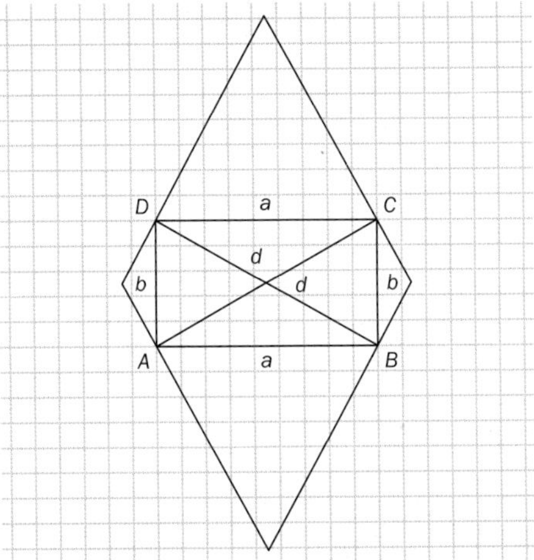

373 **a)** $a = 35\,\text{mm}$

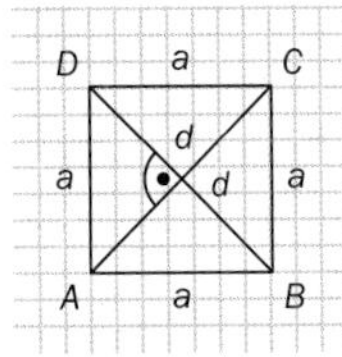

b) $a = 33\,\text{mm}$

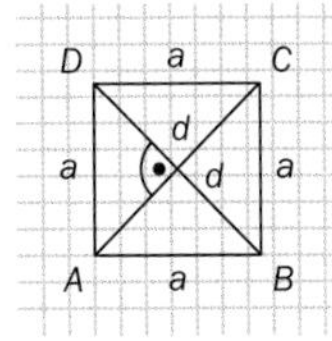

c) $a = 41\,\text{mm}$

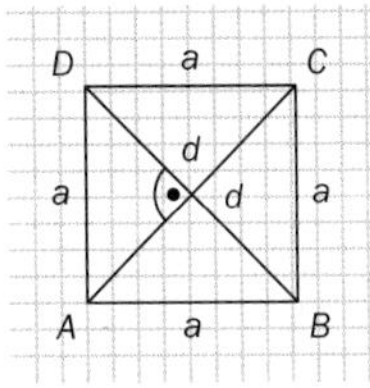

d) $a = 48\,\text{mm}$

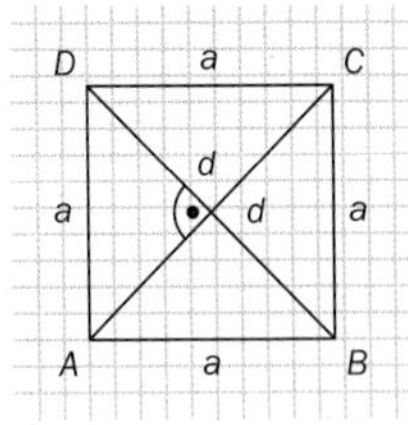

374 richtig, falsch, richtig, richtig, richtig

375 *gemeinsam:* gegenüberliegende Seiten sind gleich lang und parallel, angrenzende Seiten stehen aufeinander normal, die Diagonalen sind gleich lang und halbieren einander;
zusätzliche Eigenschaften des Quadrats, die die Rechtecke nicht besitzen: alle vier Seiten sind gleich lang, die Diagonalen stehen aufeinander normal

376 Im Buch ausgeführt.

377 **a)** z. B.: rechte Winkel: $\alpha = \beta = 90°$
spitze Winkel: $\gamma = 25°$; $\delta = 65°$

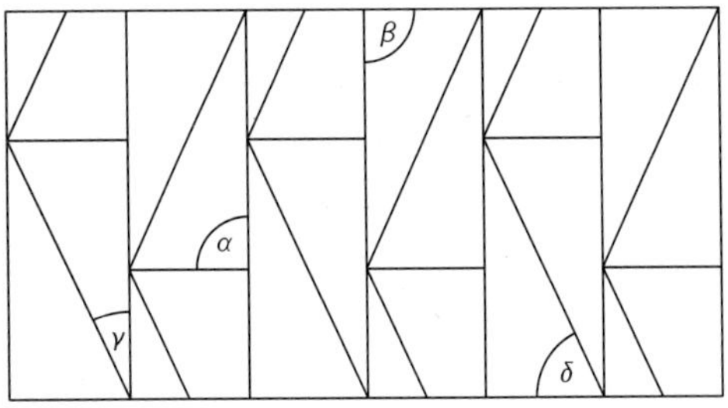

b) z. B.: spitze Winkel: $\alpha = 60°$; $\beta = 30°$
stumpfe Winkel: $\gamma = 120°$; $\delta = 120°$

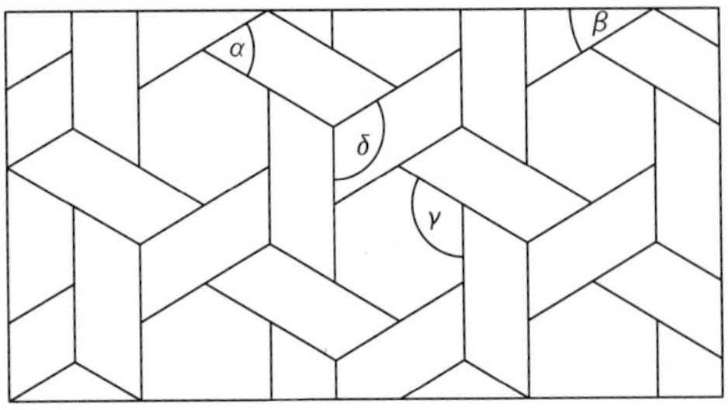

378 a) $\alpha = 70°$, spitzer Winkel, $\alpha = \sphericalangle(a, b)$

b) $\varepsilon = 120°$, stumpfer Winkel, $\varepsilon = \sphericalangle(c, d)$

c) $\delta = 180°$, gestreckter Winkel, $\delta = \sphericalangle(a, b)$

d) $\gamma = 160°$, stumpfer Winkel, $\gamma = \sphericalangle(g, h)$

e) $\beta = 315°$, erhabener Winkel, $\beta = \sphericalangle(e, f)$

379 Die Größen dieser Winkel können genau bestimmt werden, da ein rechter Winkel 90° ist und dieser in drei Teile geteilt werden kann. Der Winkel zwischen zwei Stundenmarkierungen auf der Uhr entspricht also 30°.

a) $\alpha_1 = 240°$, erhabener Winkel;
$\alpha_2 = 120°$, stumpfer Winkel

b) $\beta = 360°$, voller Winkel

c) $\gamma_1 = 30°$, spitzer Winkel;
$\gamma_2 = 330°$, erhabener Winkel

d) $\delta_1 = 150°$, stumpfer Winkel;
$\delta_2 = 210°$, erhabener Winkel

380 *Hinweis:* siehe Merkkästchen S. 72

381 a) stumpfer Winkel

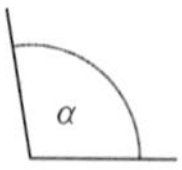

b) erhabener Winkel

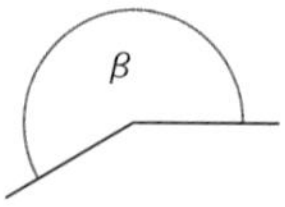

c) spitzer Winkel

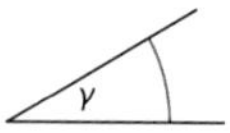

d) erhabener Winkel

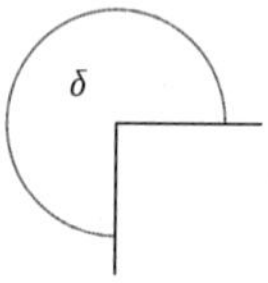

e) stumpfer Winkel

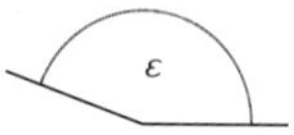

f) spitzer Winkel

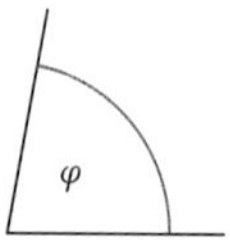

382 a) spitzer Winkel

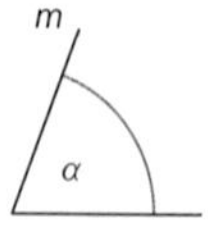

b) stumpfer Winkel

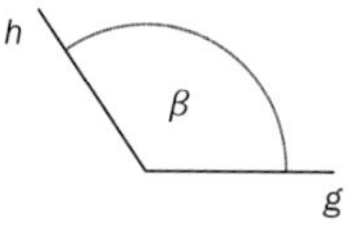

c) erhabener Winkel

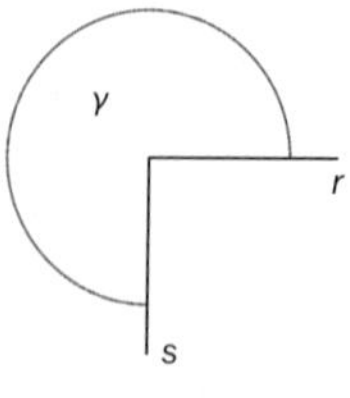

d) voller Winkel

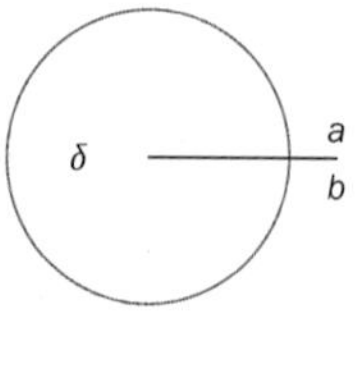

383 Im Buch ausgeführt.

384 Im Buch ausgeführt.

385 a) $\alpha = 30°$ **b)** $\beta = 110°$ **c)** $\gamma = 170°$
d) $\delta = 95°$ **e)** $\varepsilon = 75°$

386 *Hinweis:* Bei beiden Figuren benötigst du für die Längen 13 cm und für die Höhen 6 cm Platz.

a) $\alpha = \sphericalangle BAC = 56°$; $\beta = \sphericalangle CBA = 34°$;
$\gamma = \sphericalangle ACB = 90°$

b) $\alpha = \sphericalangle BAC = 116°$; $\beta = \sphericalangle CBA = 25°$;
$\gamma = \sphericalangle ACB = 39°$

387 a)

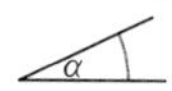

b)

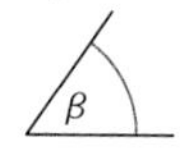

c)

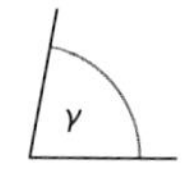

d)

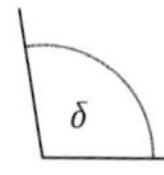

e)

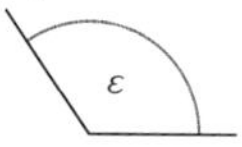

f)

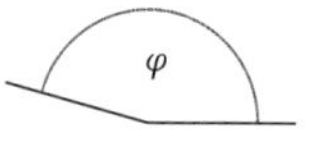

g)

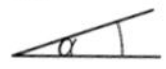

h)

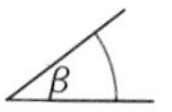

i)

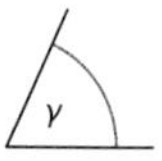

j)

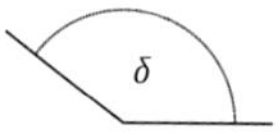

k)

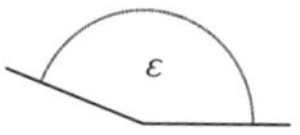

l)

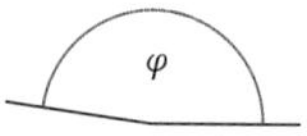

388 *Hinweis:* Bei beiden Figuren benötigst du für die Längen 13 cm und für die Höhen 6 cm Platz.

a) $\alpha = \sphericalangle BAD = 80°$; $\beta = \sphericalangle CBA = 45°$;
$\gamma = \sphericalangle DCB = 135°$; $\delta = \sphericalangle ADC = 100°$

b) $\alpha = \sphericalangle BAD = 124°$; $\beta = \sphericalangle CBA = 63°$;
$\gamma = \sphericalangle DCB = 117°$; $\delta = \sphericalangle ADC = 56°$

389 a) $\alpha = 200°$
b) $\beta = 340°$

390 a)

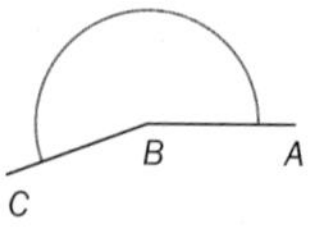

b)

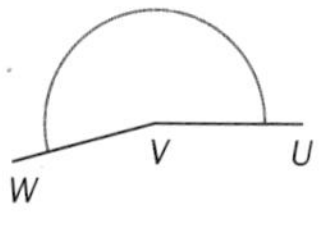

c)

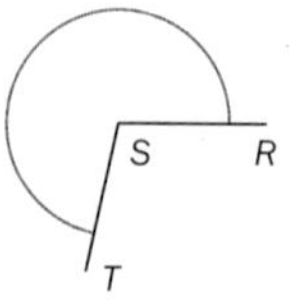

d)

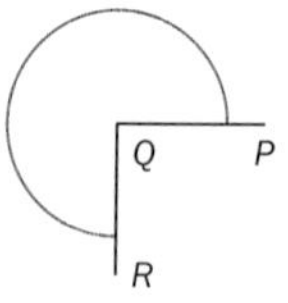

e)

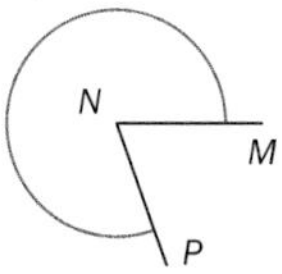

f)

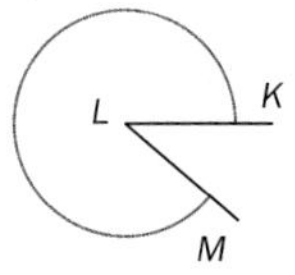

g)

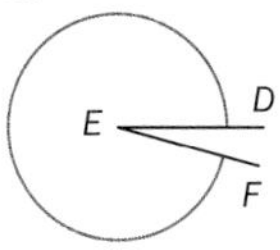

h)

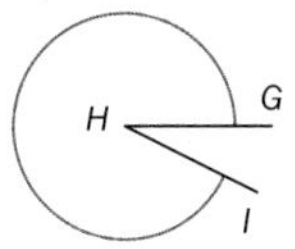

391 Im Buch ausgeführt.

392 Im Buch ausgeführt.

393 a)

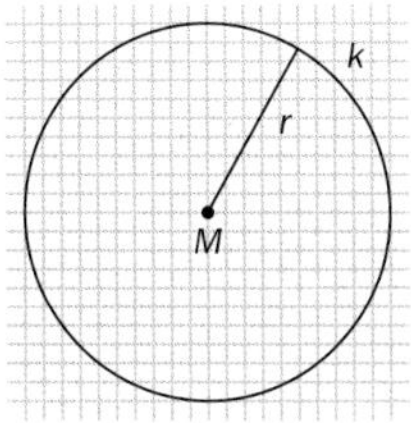

b)

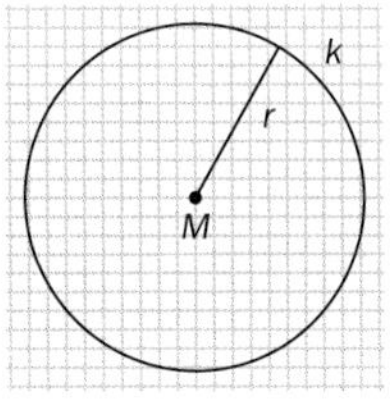

c)

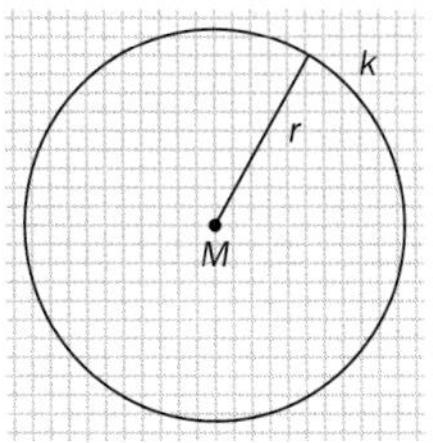

d)

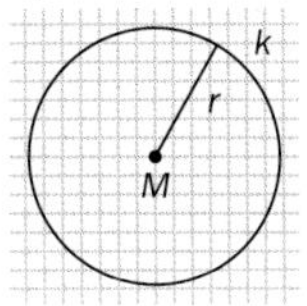

e)

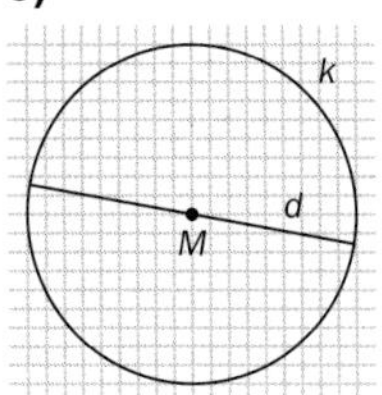

f)

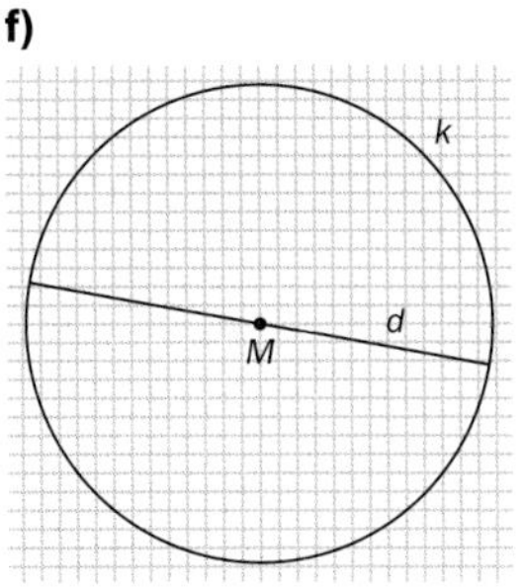

g)

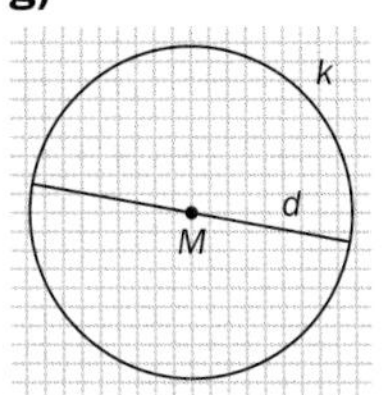

h)

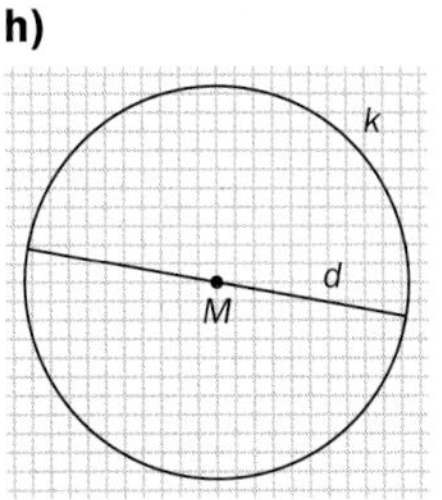

394 a) *Hinweis:* Für die Breite und Höhe benötigst du jeweils 10 cm Platz.

b) *Hinweis:* Für die Breite benötigst du 4 cm und für die Höhe 9 cm Platz.

c) *Hinweis:* Für die Breite benötigst du 8 cm und für die Höhe 7 cm Platz.

d) *Hinweis:* Für die Breite benötigst du 12 cm und für die Höhe 9 cm Platz.

395 richtig, richtig, richtig, falsch, falsch

396 $A \notin k$, $B \in k$, $C \in k$, $D \in k$, $E \notin k$, $F \notin k$, $G \notin k$, $H \in k$

397 a) z. B.:

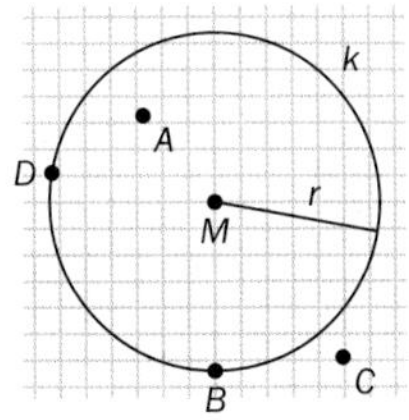

b) z. B.:

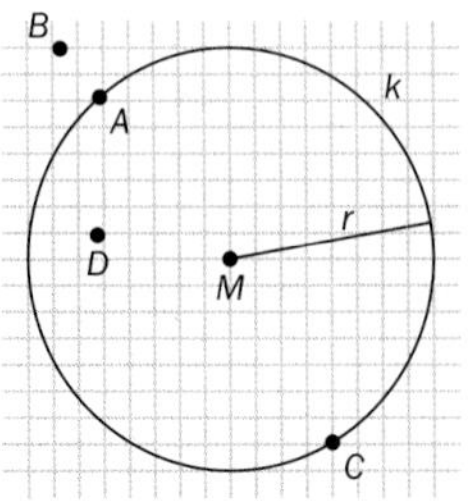

398 Die Punkte *P* und *Q* sind gleich weit vom Mittelpunkt entfernt: *P* liegt auf der Kreislinie und hat damit den Abstand *r* vom Mittelpunkt *M* und *Q* hat ebenfalls den Abstand *r* zu *M*.

399 a) $a = 8\,\text{mm}$

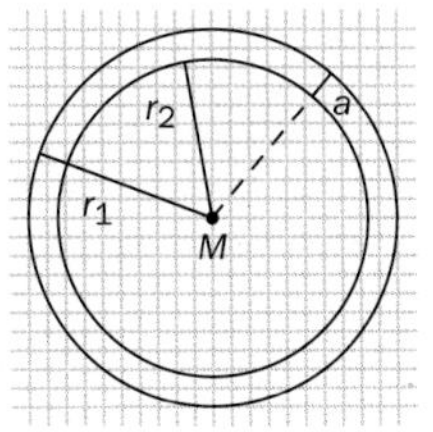

b) $a = 9\,\text{mm}$

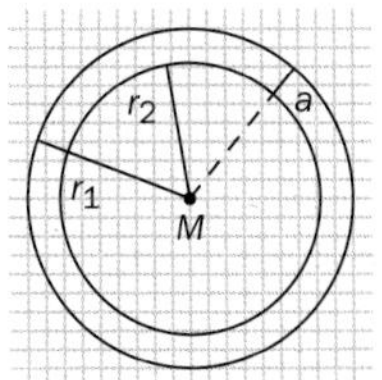

c) $a = 24\,\text{mm}$

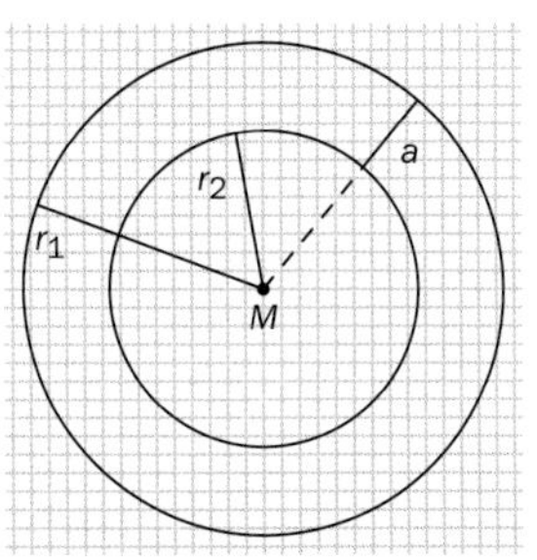

d) $a = 7\,\text{mm}$

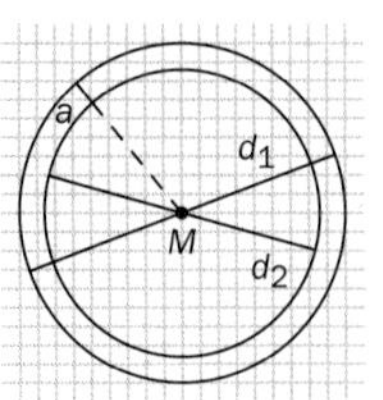

e) $a = 15\,\text{mm}$

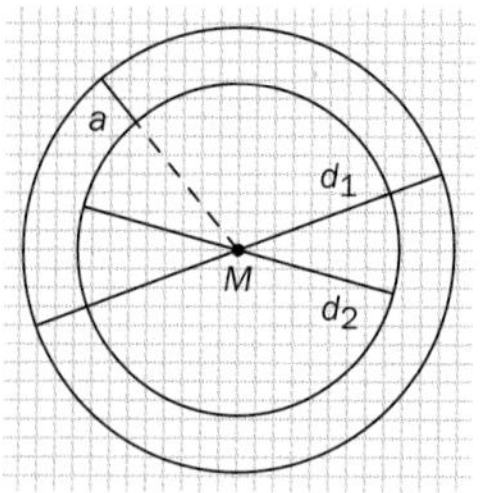

f) $a = 13\,\text{mm}$

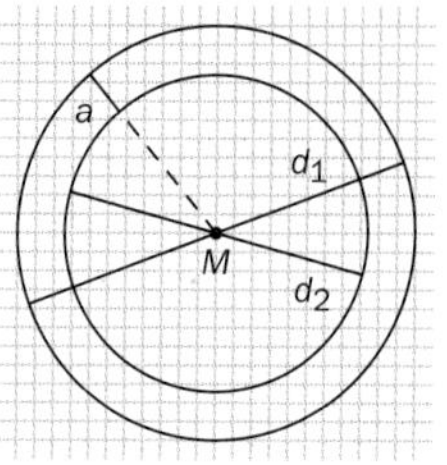

400 a) $r_1 = 45\,\text{mm}$, $r_2 = 60\,\text{mm}$

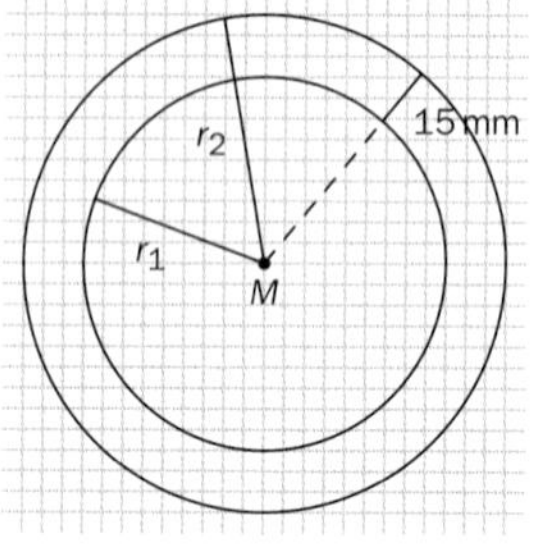

b) $r_1 = 21\,\text{mm}$, $r_2 = 44\,\text{mm}$

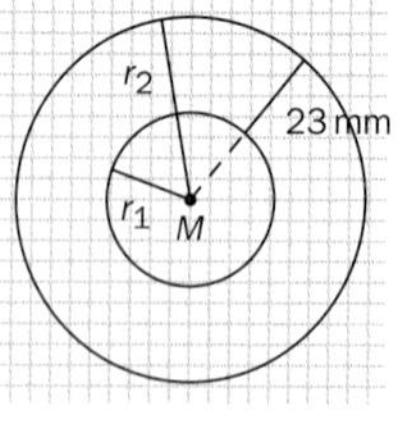

401 Im Buch ausgeführt.

402 Im Buch ausgeführt.

403 a) $\alpha = 70°$ **b)** $\alpha = 135°$ **c)** $\alpha = 55°$

404 a) $s = 4{,}8\,\text{cm}$

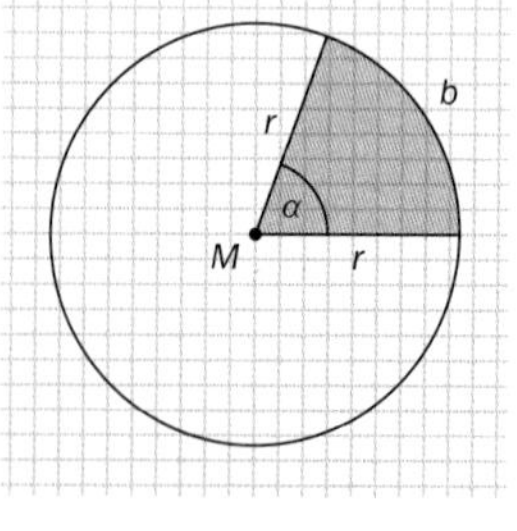

b) $s = 52\,\text{mm}$

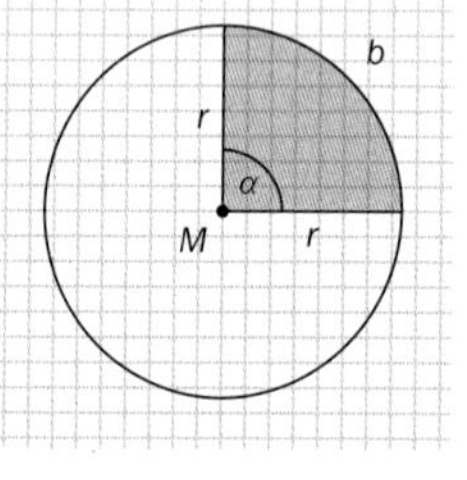

c) $s = 6{,}3\,\text{cm}$

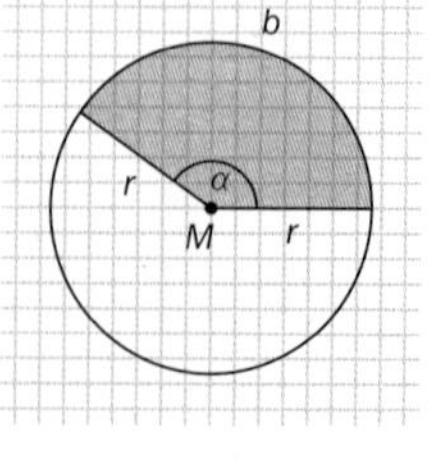

405 a) $\alpha = 74°$

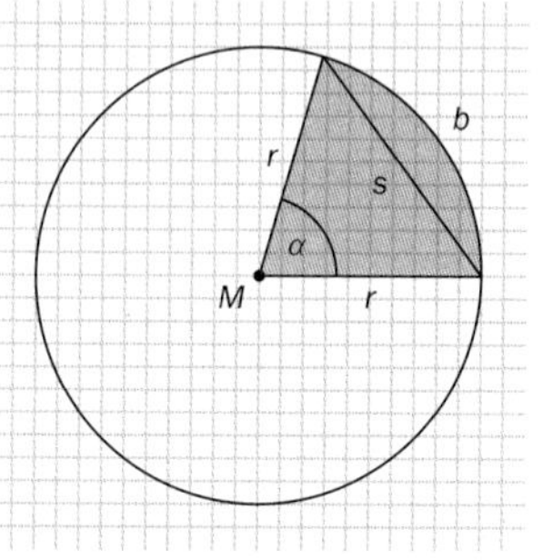

b) $\alpha = 89°$

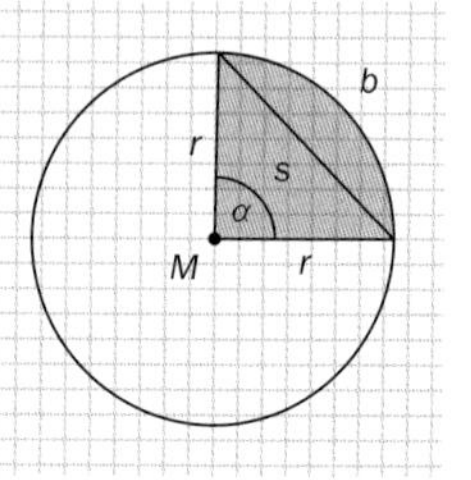

c) $\alpha = 60°$

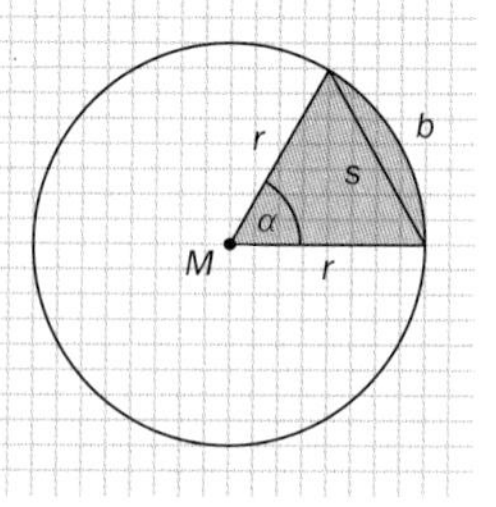

406 a) $\alpha = 93°$, $\beta = 267°$

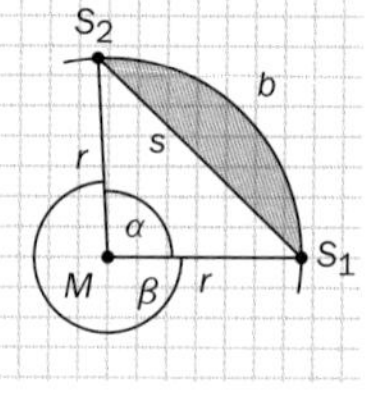

b) $\alpha = 101°$, $\beta = 259°$

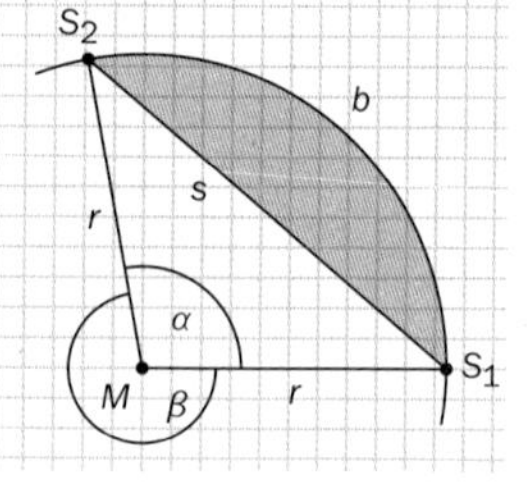

c) $\alpha = 104°$, $\beta = 256°$

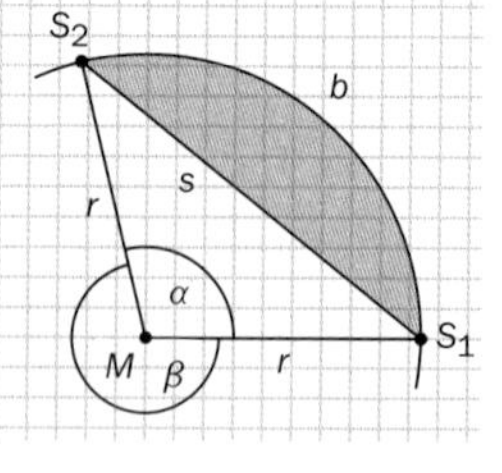

407 Wir konstruieren einen Kreis mit dem gegebenen Radius und zeichnen einen Radius ein. Davon ausgehend konstruieren wir den Zentriwinkel mit dem Mittelpunkt *M* als Scheitel. Zum Schluss verbinden wir die beiden Punkte wo die Winkelschenkel den Kreis schneiden.

408 **a)**
s = 3,2 cm

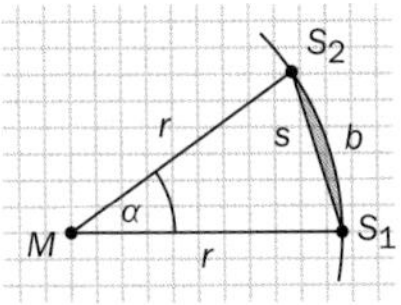

b) s = 9,2 cm

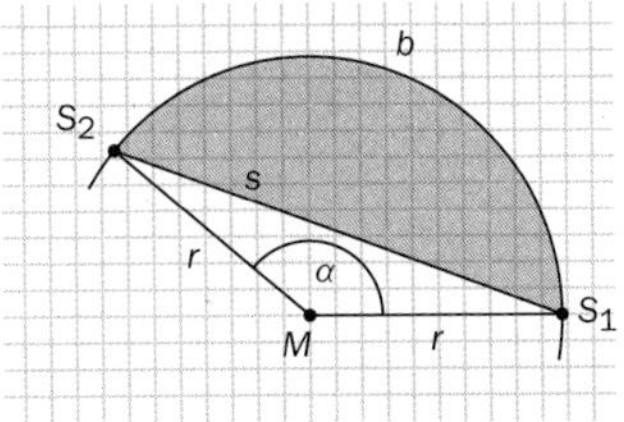

c) s = 4,3 cm

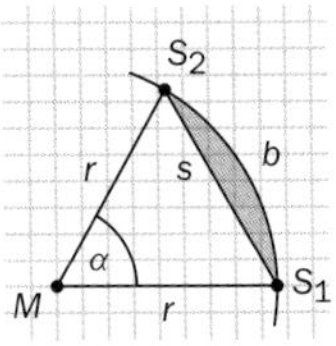

409 Es entsteht ein Viereck mit zwei parallelen Seiten.

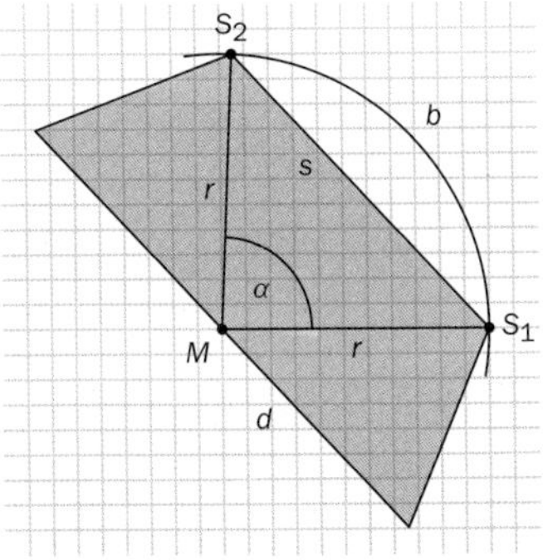

410 z. B.:

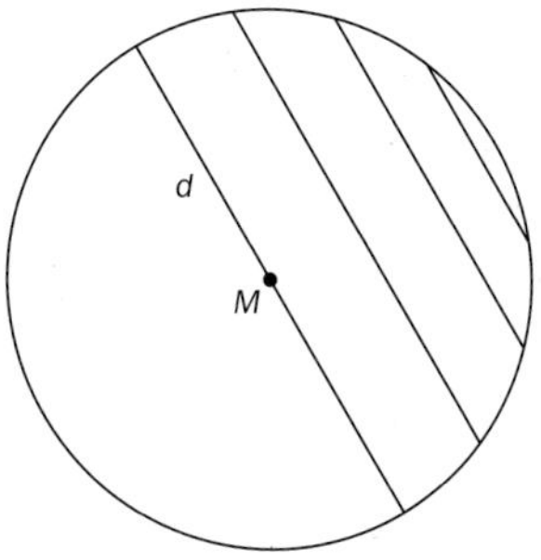

411 **1)**

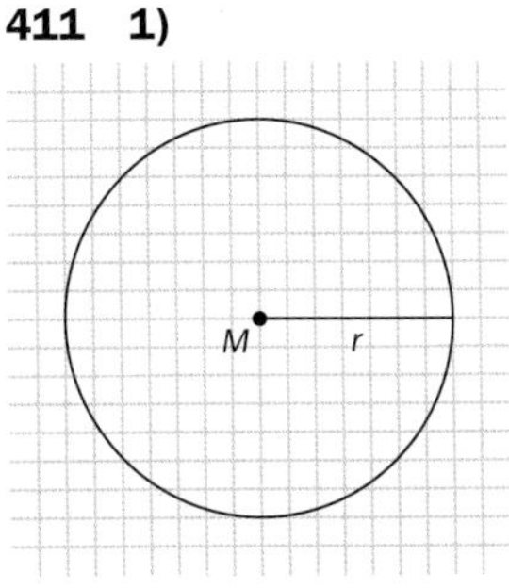

2)

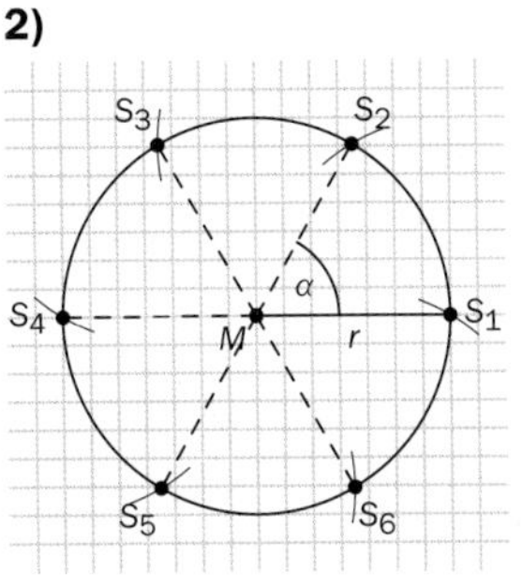

3) $\alpha = 60°$
Alle Zentriwinkel sind gleich groß und zusammen ergeben sie genau 360°.

4)

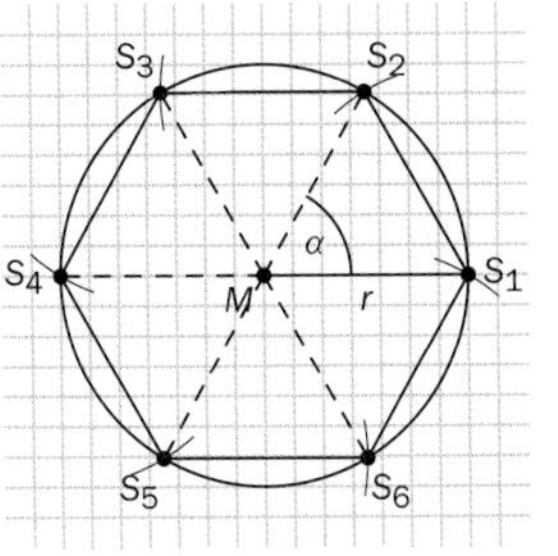

412 **a)**

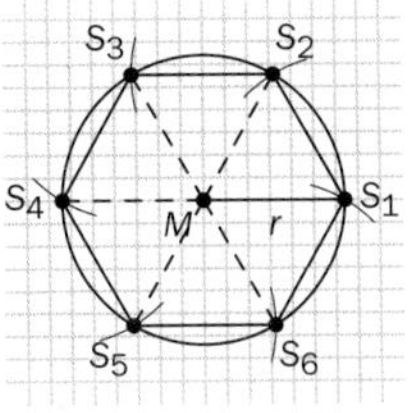

b)

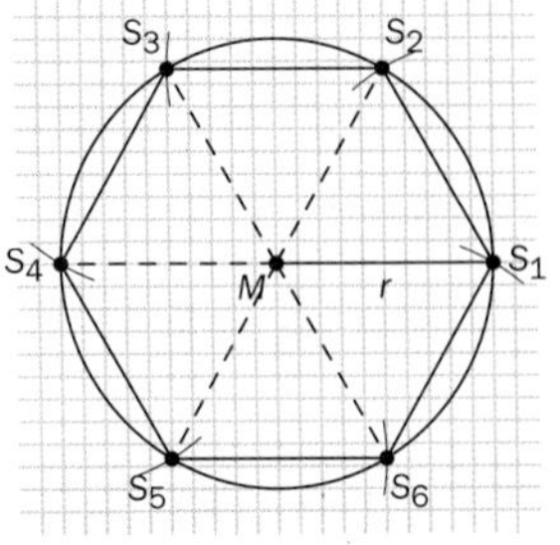

c)

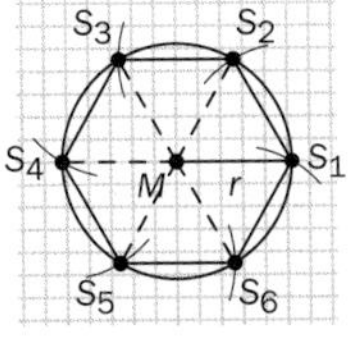

d)

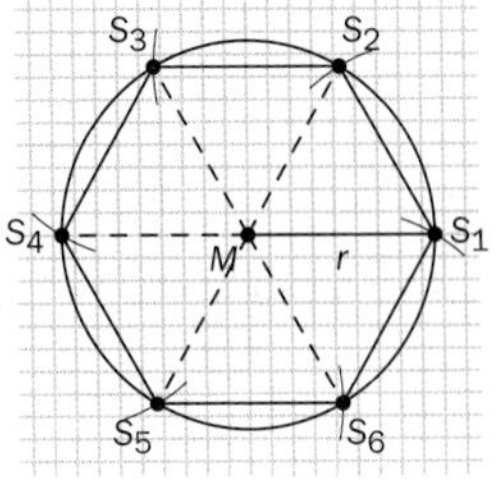

e)

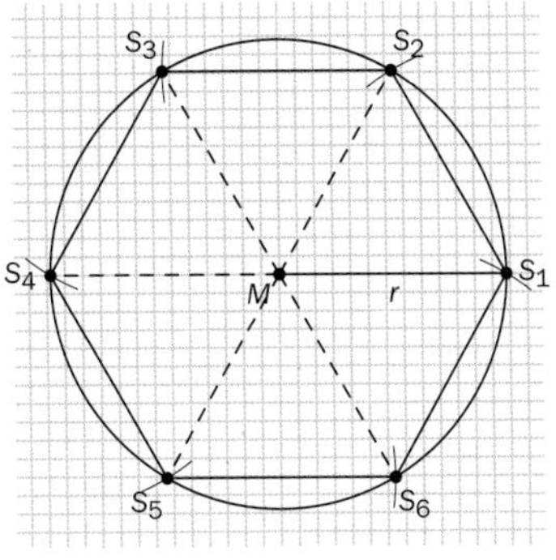

413 Im Buch ausgeführt.

414 Im Buch ausgeführt.

415 *a* … Passante; *b* … Sekante; *c* … Tangente; *d* … Sekante; *e* … Tangente; *f* … Passante

416 **a)** z. B.:

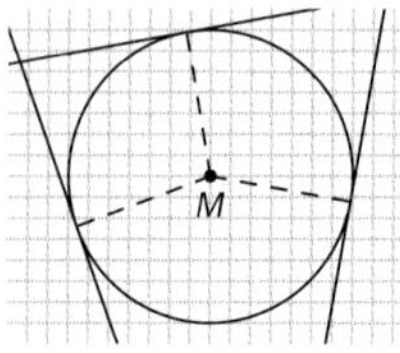

b) z. B.:

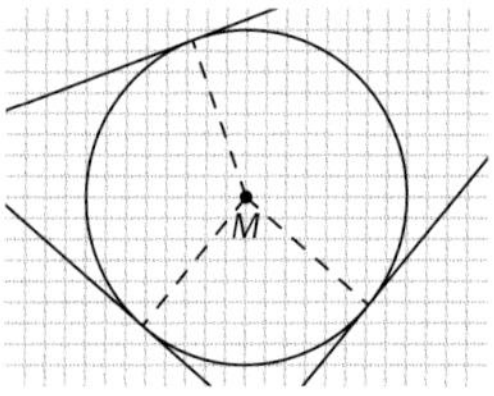

c) z. B.:

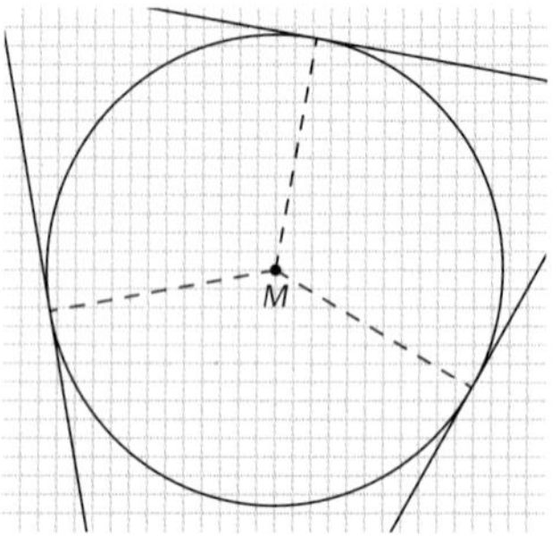

d) z. B.:

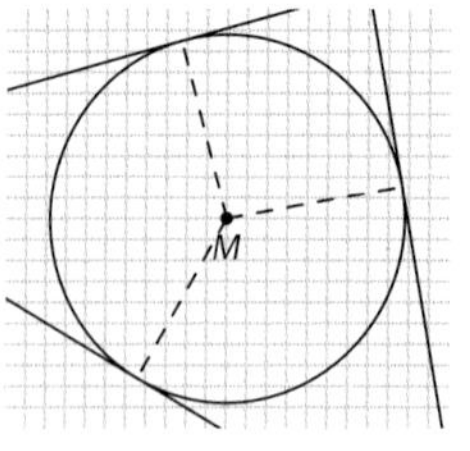

417 Die beiden Tangenten sind zueinander parallel.

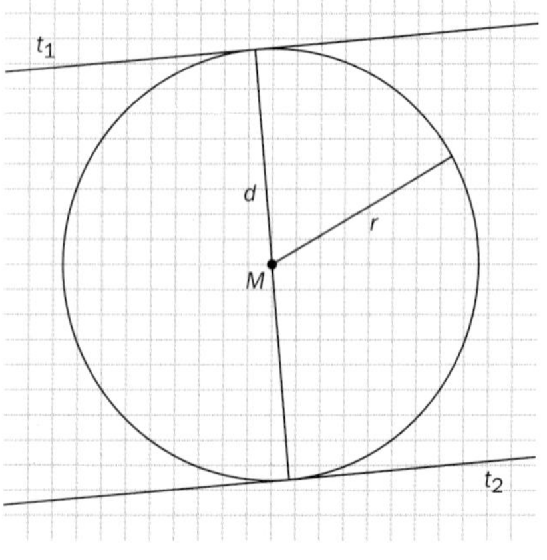

418 Es entsteht ein Quadrat.

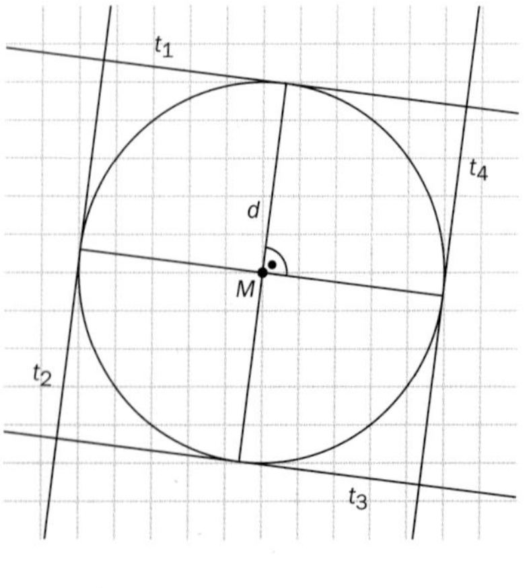

419 **1)**

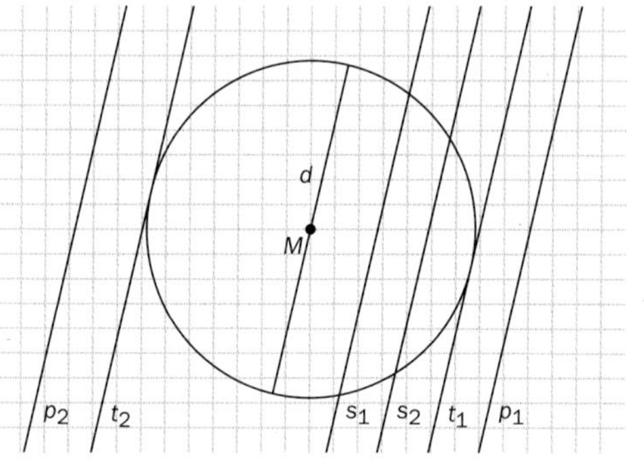

2) Es gibt unendlich viele Sekanten und Passanten, die zum Durchmesser parallel sind, aber nur 2 verschiedene solche Tangenten.

420 **a)** $d(g, M) = 2{,}2\,\text{cm}$ **b)** $d(g, M) = 1{,}7\,\text{cm}$
c) $d(g, M) = 2\,\text{cm}$

421 **a)** Sekante, da $d < r$ ist.
b) Tangente, da $d = r$ ist.
c) Passante, da $d > r$ ist.
d) Sekante, da $d < r$ ist.
e) Passante, da $d > r$ ist.

422 Es handelt sich um eine Passante, da der Abstand der Gerade vom Mittelpunkt mit 60 mm größer als der Radius $r = 37{,}5$ mm ist.

423 **a)**
g_1: Sekante,
g_2: Tangente,
g_3: Passante

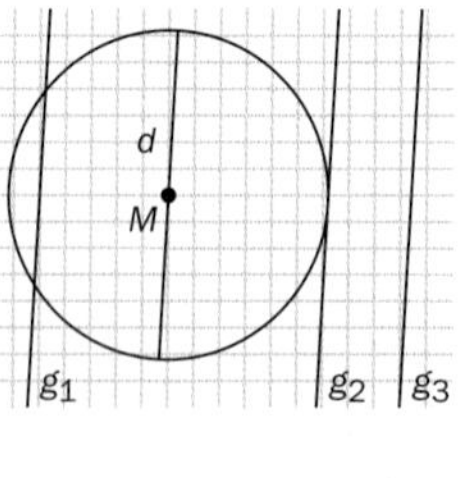

b) g_1 und g_2: Sekanten,
g_3: Passante

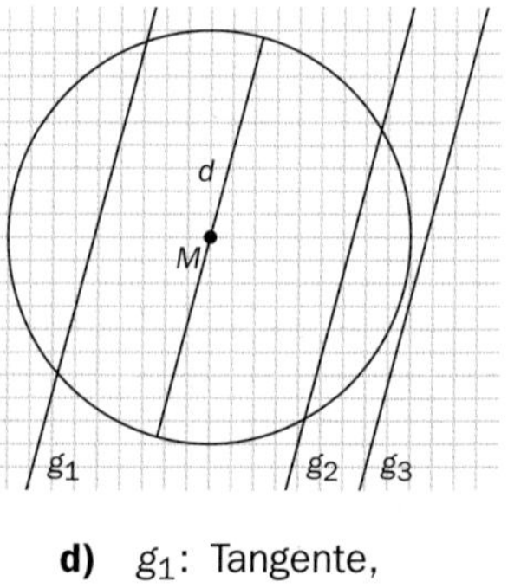

c) g_1: Sekante,
g_2 und g_3: Passanten

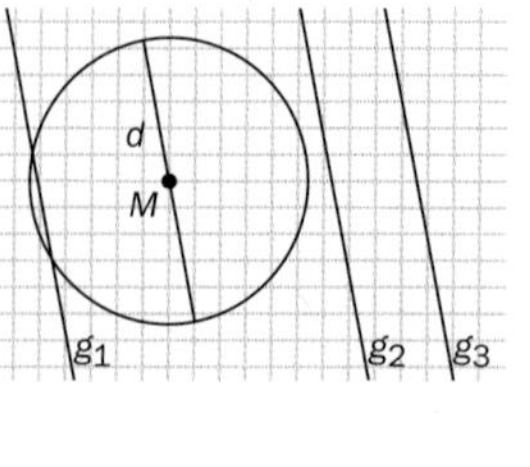

d) g_1: Tangente,
g_2 und g_3: Passanten

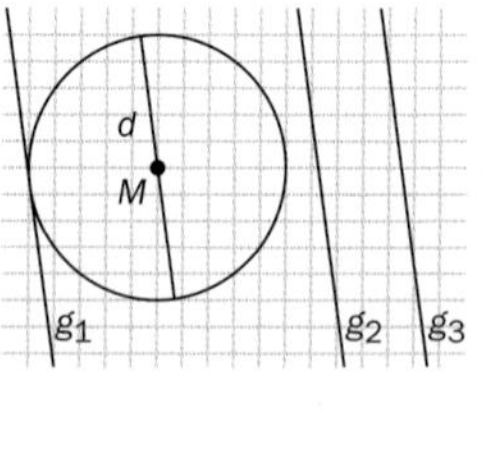

e) g_1 und g_2: Sekanten, g_3: Passante

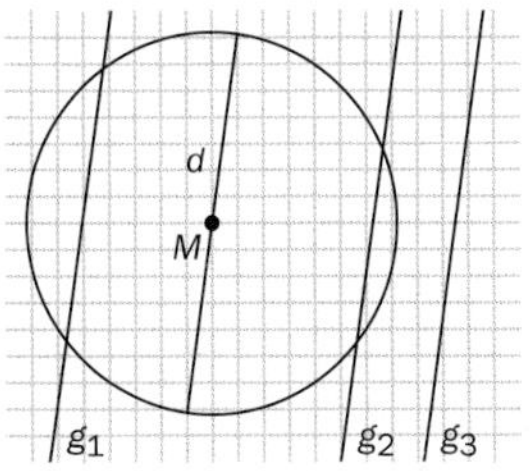

424 $\overline{AF} = 6{,}1\,\text{cm} = 61\,\text{mm}$, $\overline{BG} = 11{,}3\,\text{cm} = 113\,\text{mm}$, $\overline{CE} = 6{,}4\,\text{cm} = 64\,\text{mm}$, $\overline{DH} = 3{,}1\,\text{cm} = 31\,\text{mm}$

425 a)

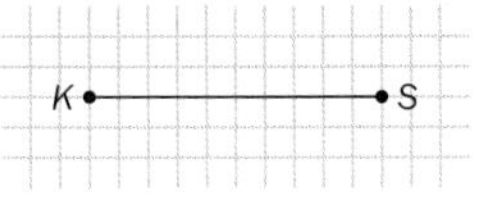

b)

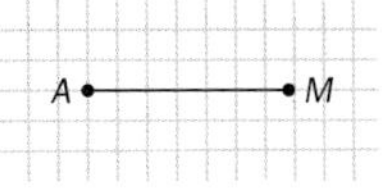

c)

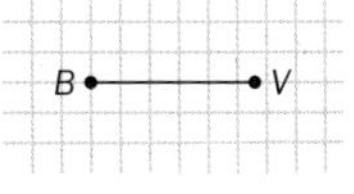

d)

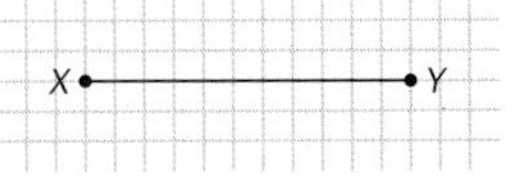

426 a) $a \parallel c$, $b \parallel d$, $g \parallel h$, $a \perp h$, $a \perp g$, $c \perp h$, $c \perp g$

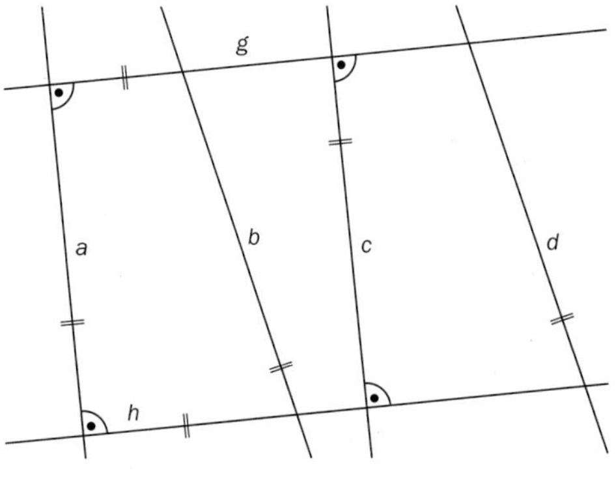

b) $b \parallel c$, $d \parallel h$, $a \perp d$, $a \perp h$, $b \perp g$, $c \perp g$

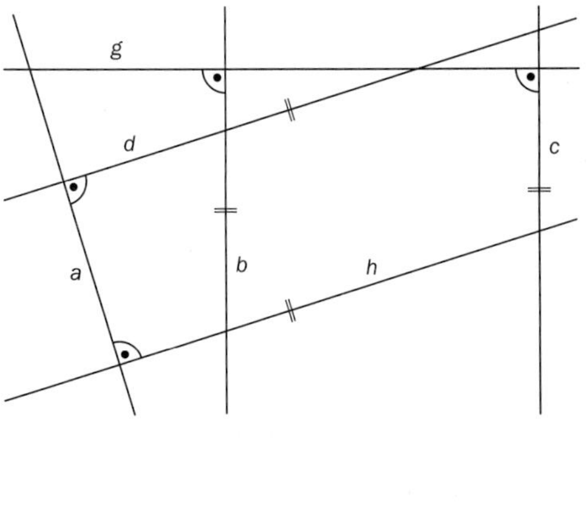

427 *Hinweis:* Um die Figur mit einem einzigen Streckenzug zeichnen zu können, musst du an einem der unteren Eckpunkte des Quadrats beginnen.

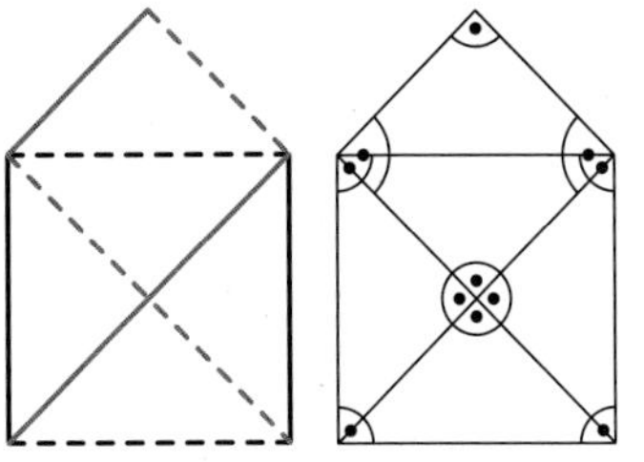

428 Geraden sind unendlich lang, hier ist nur ein Ausschnitt gezeigt. Würde man g und h beide nach links verlängern, so schneiden sie sich irgendwann, weil ihr „Abstand" immer kleiner wird.

429 z. B.: *parallel:* Regalbretter in einem Bücherregal, Tischbeine, Gartenzaun, …
normal: Kanten eines A4-Blattes, Kanten eines Notebooks, Tischkanten, Fensterrahmen, …

430 z. B.:

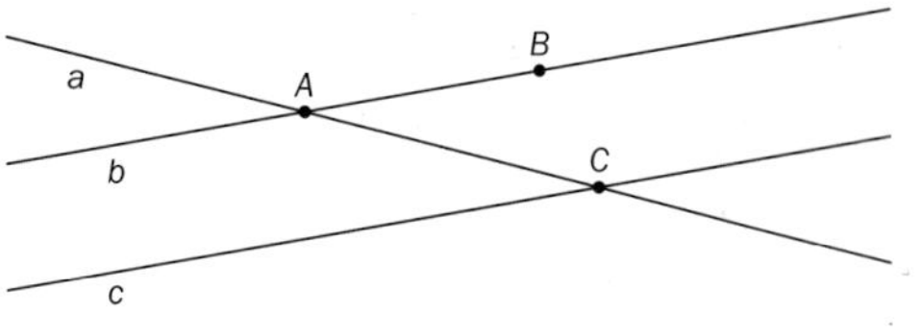

431 a) $A \notin g$, $A \in n$, $B \in g$, $B \notin n$, $C \in g$, $C \in n$, $D \in g$, $D \notin n$

b) $A \notin g$, $A \in n$, $B \in g$, $B \in n$, $C \in g$, $C \notin n$, $D \in g$, $D \notin n$

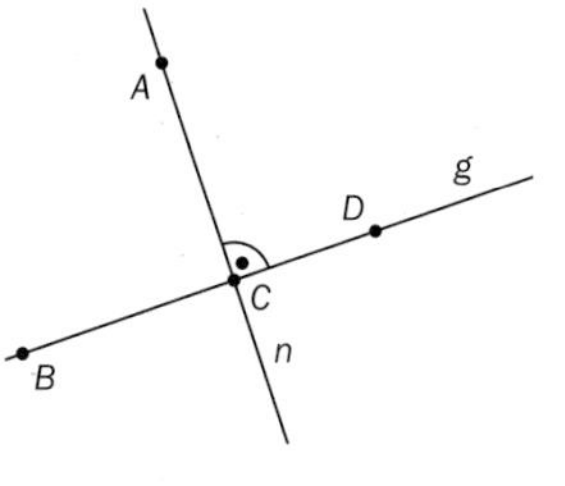

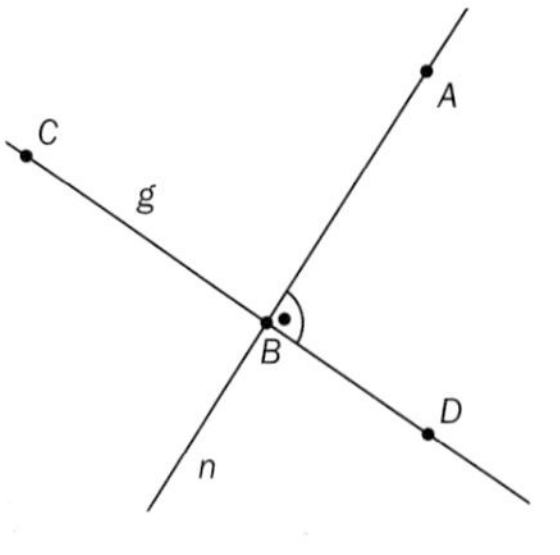

432 z. B.:

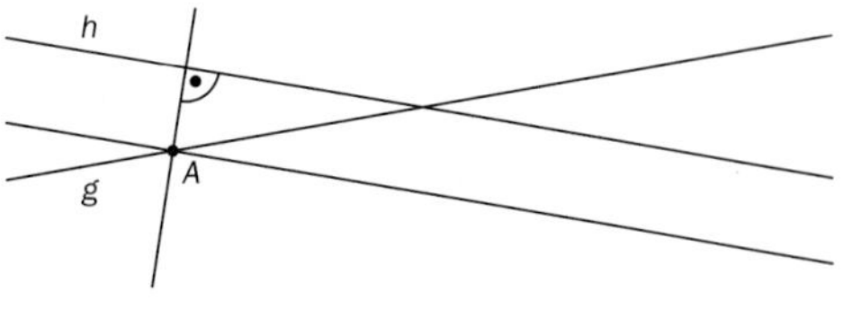

433 a) $d(A, g) = 3{,}2\,\text{cm}$; $d(B, n) = 3{,}2\,\text{cm}$; $d(C, n) = 0\,\text{cm}$; $d(D, n) = 2{,}1\,\text{cm}$
b) $d(A, g) = 3{,}6\,\text{cm}$; $d(B, n) = 0\,\text{cm}$; $d(C, n) = 3{,}6\,\text{cm}$; $d(D, n) = 2{,}4\,\text{cm}$

434 Parallele Geraden haben voneinander immer den gleichen Abstand, bei schneidenden Geraden verändert sich der Abstand.

435 $a = 2{,}7\,\text{cm}$

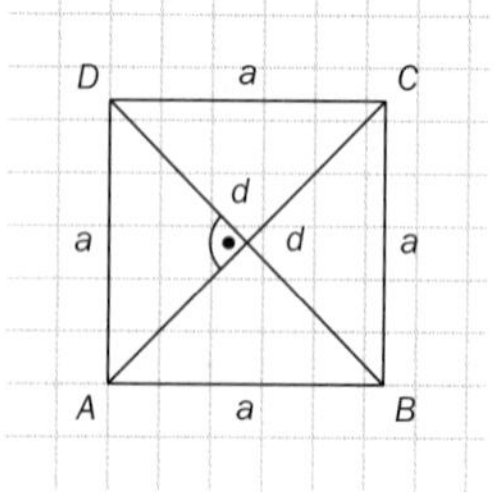

436 1) $d(A, BD) = 38\,\text{mm}$
2)

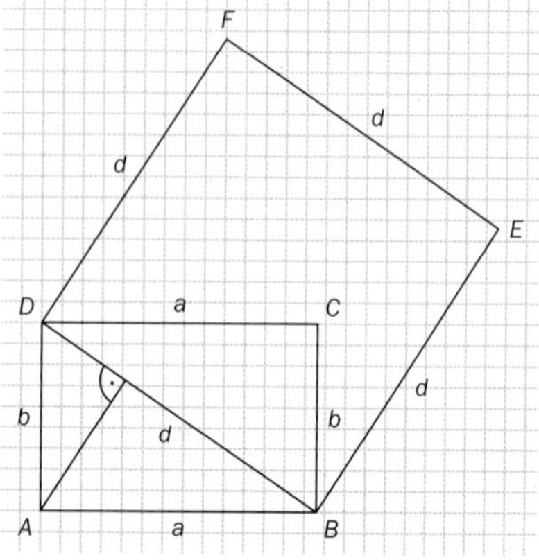

437 Es entsteht ein Rechteck.

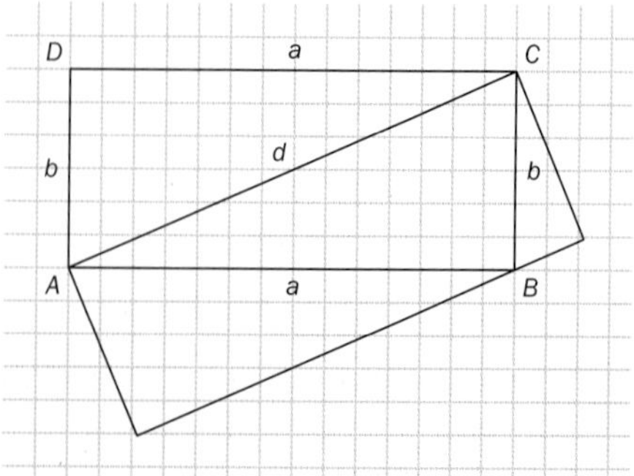

438 *Hinweis:* siehe Merkkästchen S. 72

439

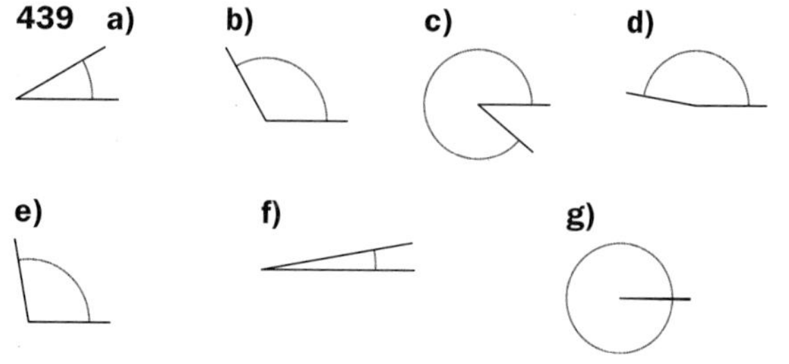

440 a) α: stumpf, β: rechter Winkel, γ: spitz, δ: erhaben, ε: spitz, φ: rechter Winkel
b) α: stumpf, β: rechter Winkel, γ: spitz, δ: stumpf, ε: rechter Winkel, φ: stumpf
c) α: stumpf, β: spitz, γ: erhaben
d) δ: spitz, ε: rechter Winkel, φ: stumpf

441 Die Summe $\alpha + \beta + \gamma + \delta + \varepsilon$ ist in beiden Fällen der volle Winkel, also 360°.
a) $\alpha = 70°$, $\beta = 110°$, $\gamma = 45°$, $\delta = 110°$, $\varepsilon = 25°$
b) $\alpha = 45°$, $\beta = 90°$, $\gamma = 45°$, $\delta = 125°$, $\varepsilon = 55°$

442

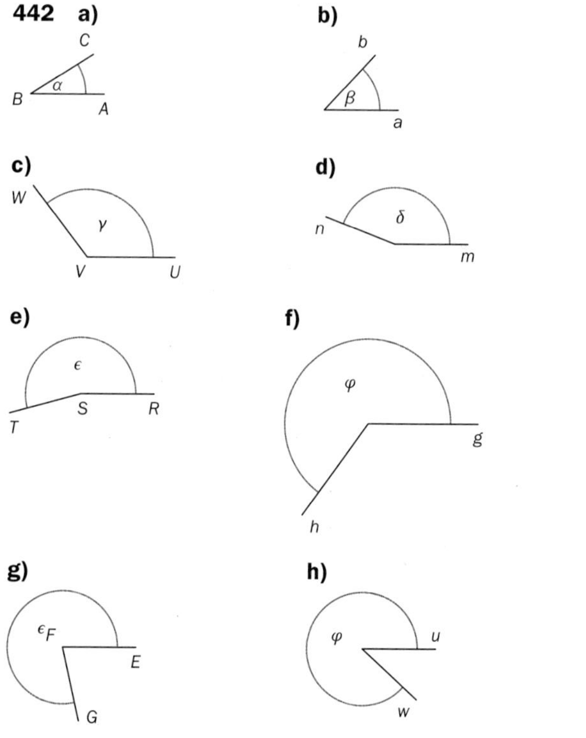

443 a) *Hinweis:* Für die Breite benötigst du 12 cm und für die Höhe 6 cm Platz.
b) *Hinweis:* Für die Breite benötigst du 10 cm und für die Höhe 4 cm Platz.

444 z. B.:

a)

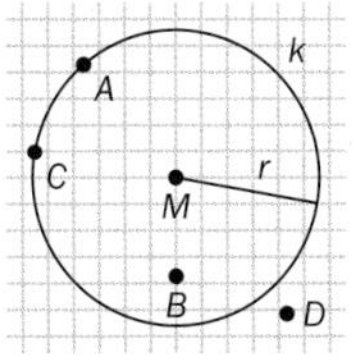

b)

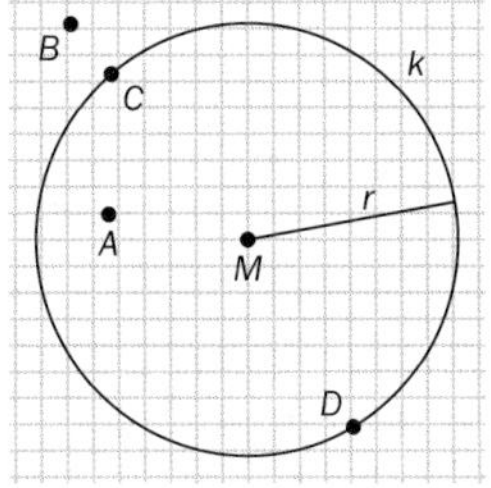

c)

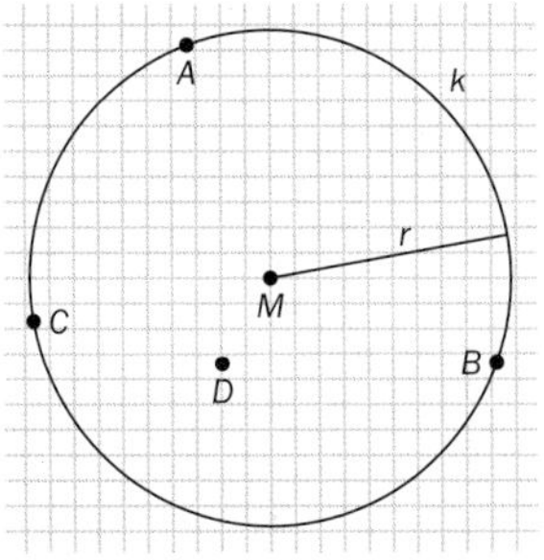

d)

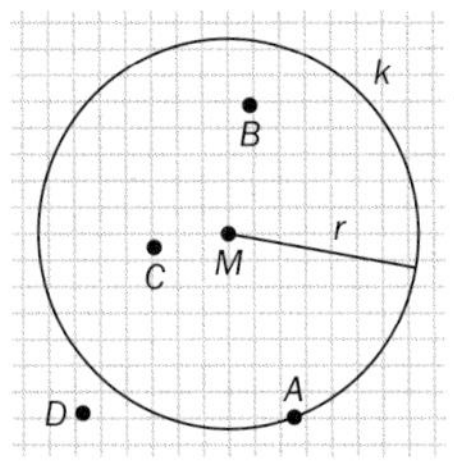

445 $r_1 = 34\,\text{mm}$

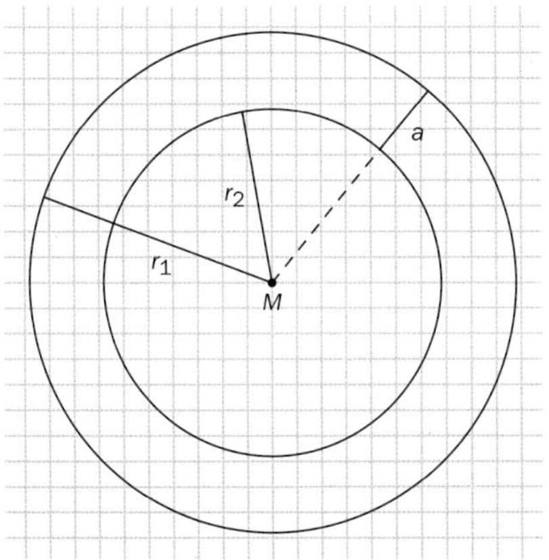

446 s = 73 mm

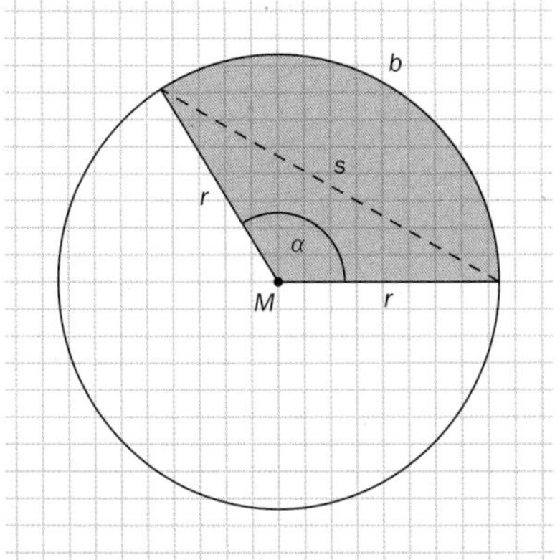

447 $\alpha = 118°$

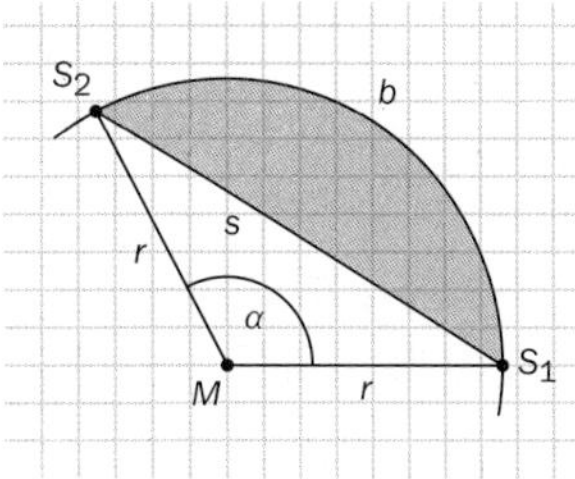

448

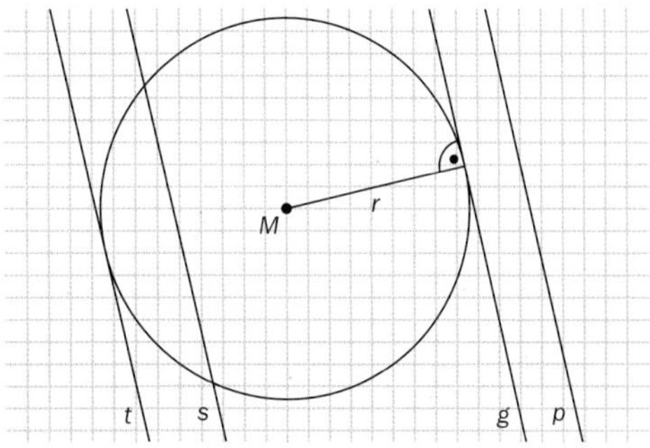

449 **1)** *Sekante:* Abstand kleiner als 30 mm; *Tangente:* 30 mm; *Passante:* Abstand größer als 30 mm

2) Für die Sekante und die Passante gibt es unendlich viele Möglichkeiten, solange die Abstände bei der Sekante kleiner als 30 mm und bei der Passante größer als 30 mm bleiben. Bei der Tangente gibt es nur einen einzigen möglichen Abstand.

450 **1)** & **2)** konzentrische Kreise, Kreise liegen ineinander, Kreise schneiden sich in zwei Punkten, Kreise berühren sich in einem Punkt (von innen oder außen), Kreise berühren sich nicht (liegen nebeneinander)

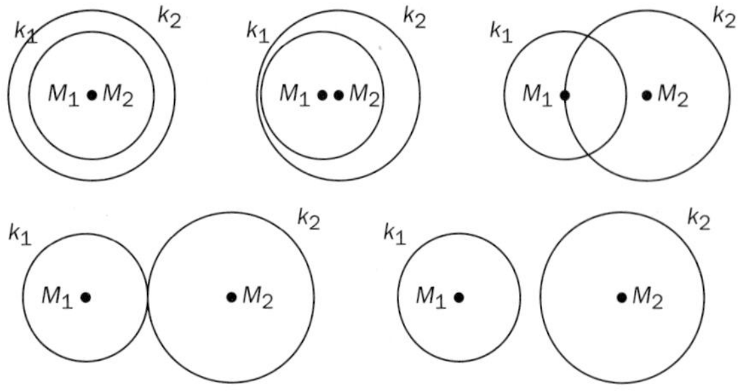

3) *keinen Schnittpunkt:* konzentrischen Kreise; ineinanderliegende Kreise; Kreise, die sich nicht berühren;
einen Schnittpunkt: Kreise, die sich berühren;
zwei Schnittpunkte: Kreise, die sich schneiden

4) *konzentrische Kreise:* $\overline{M_1M_2} = 0$ und $r_2 > r_1$;
ineinanderliegende Kreise: $\overline{M_1M_2} < r_2 - r_1$ mit $r_2 > r_1$;
Kreise schneiden sich in zwei Punkten:
$r_2 - r_1 < \overline{M_1M_2} < r_1 + r_2$ mit $r_2 > r_1$;
Kreise berühren sich in einem Punkt:
$\overline{M_1M_2} = r_1 + r_2$ oder $\overline{M_1M_2} = r_2 - r_1$ mit $r_2 > r_1$;
Kreise, die sich nicht berühren: $\overline{M_1M_2} > r_1 + r_2$

451 [D] [C] [A] [B]

452 *Hinweis:* Du findest in jedem Bild viele parallele Linien, miss mit dem Lineal nach!

453 Drei Geraden können maximal drei Schnittpunkte haben.

a) z. B.:

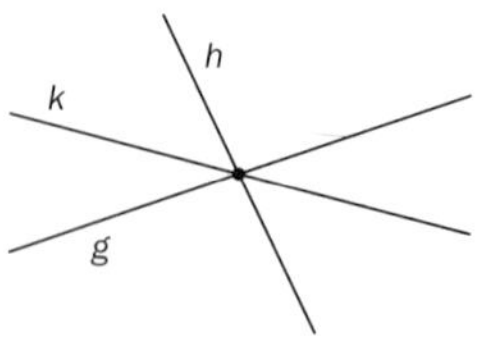

b) z. B.:

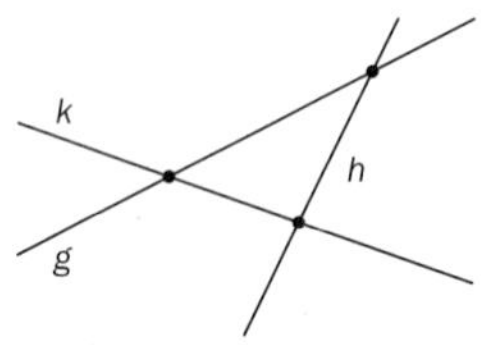

c) z. B.:

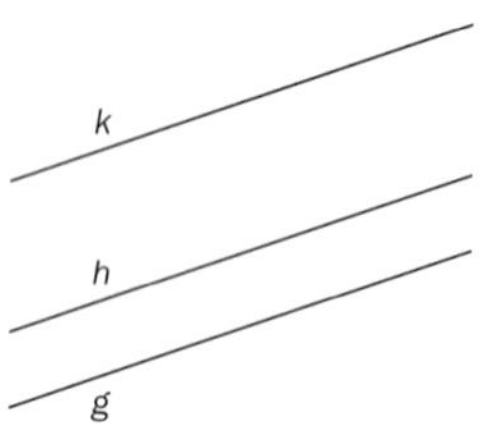

d) z. B.:

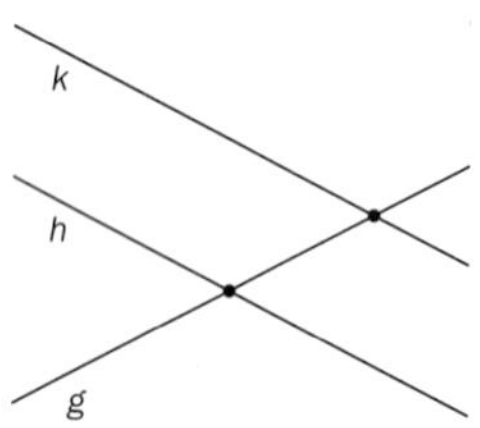

454 Vier Geraden können 0, 1, 3, 4, 5 oder 6 Schnittpunkte haben, z. B.:

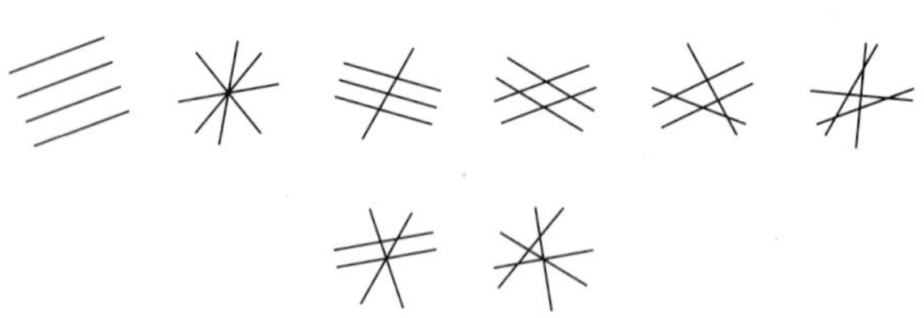

455 1) Sowohl die Gerade als auch der Strahl haben keinen Endpunkt und sind daher unendlich lang.
2) Wenn die Strecke kleiner ist als die Diagonale des Papiers geht es sich aus.

456 Leo hat nicht recht, da mit *AB* nur die Strecke gemeint ist, aber mit $\overline{AB}$ die Länge der Strecke und die 5 cm sind eine Längenangabe.

457 a) richtig, falsch, richtig
b) falsch, richtig, falsch

458 richtig, falsch, richtig, falsch, falsch

459 Eine Quadrat hat vier gleich lange Seiten, die aufeinander normal stehen. Daher ist ein Quadrat auch ein Rechteck. Umgekehrt sind bei einem Rechteck nicht alle vier Seiten gleich lang, daher ist ein Rechteck kein Quadrat.

460 1) Es handelt sich um Strecken, weil es immer Anfangs- und Endpunkte gibt.
2) parallele Linien: gegenüberliegende Seiten; normale Linien: benachbarte Seiten

461 *Hinweis:* siehe Merkkästchen S. 72

462

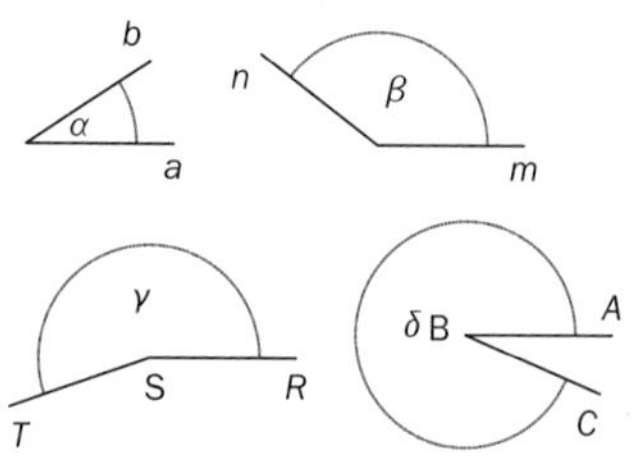

463 richtig, richtig, falsch, falsch, falsch, richtig

464–479 Lösungen siehe Schulbuch (Anhang ab S. 217)

4. Multiplizieren

Seite 89: Enteneier: 28, Gänseblümchen: 21, Sterne: 15, Gesamt: 1 395 (Nebenrechnungen: $28 \cdot 15 = 420$, $21 \cdot 25 = 525$, $15 \cdot 30 = 450$)

480 Im Buch ausgeführt.

481 Im Buch ausgeführt.

482 Im Buch ausgeführt.

483 $h = 1\,470$ cm

484 a) $44 + 44 + 44$
b) $1{,}5 + 1{,}5 + 1{,}5 + 1{,}5 + 1{,}5 + 1{,}5$
c) $12{,}4 + 12{,}4 + 12{,}4 + 12{,}4 + 12{,}4$

485 a) $42 \cdot 5$ **b)** $12{,}5 \cdot 2$ **c)** $30{,}2 \cdot 4$

486 a) 1) 69 **2)** 92 **3)** 115
b) 1) 192 **2)** 256 **3)** 320
c) 1) 111 **2)** 14,8 **3)** 18,5
d) 1) 15,3 **2)** 20,4 **3)** 25,5
e) 1) 60,9 **2)** 81,2 **3)** 101,5
f) 1) 122,4 **2)** 163,2 **3)** 204
g) 1) 63,3 **2)** 84,4 **3)** 105,5
h) 1) 186,6 **2)** 248,8 **3)** 311

487 a) 252 **b)** 312 **c)** 875 **d)** 642
e) 71,5 **f)** 229,6 **g)** 8,7 **h)** 110,34

488 a) 6 312 **b)** 5 352 **c)** 24 160
d) 33,208 **e)** 357,392 **f)** 31,5198

489 a) richtig, falsch: 126, richtig, richtig
b) richtig, falsch: 25,8, richtig, falsch: 47,7

490 a) Ich multipliziere zuerst die 3 mit der Einerstelle 2, das ergibt 6. Dann multipliziere ich die 3 mit der Zehnerstelle 1, das ergibt 3. Also ist das Ergebnis $12 \cdot 3 = 36$.
b) Ich multipliziere zuerst die 6 mit der Einerstelle 8, das ergibt 48. Ich schreibe die Einerstelle 8 auf und merke mir die 4. Dann multipliziere ich die 6 mit der Zehnerstelle 2, das ergibt 12, und ich zähle noch die vorher gemerkte 4 dazu und das ergibt 16. Also ist das Ergebnis $28 \cdot 6 = 168$.
c) Ich multipliziere zuerst die 5 mit der Zehntelstelle 1, das ergibt 5. Dann multipliziere ich die 5 mit der Einerstelle 8, das ergibt 40. Da die Überschlagsrechnung $8 \cdot 5 = 40$ ergibt, setze ich das Komma entsprechend und erhalte das Ergebnis $8{,}1 \cdot 5 = 40{,}5$.
d) Ich multipliziere zuerst die 4 mit der Zehntelstelle 7, das ergibt 28. Ich schreibe die 8 auf und merke mir die 2. Dann multipliziere ich die 4 mit der Einerstelle 3, das ergibt 12, und ich zähle noch die vorher gemerkte 2 dazu, das ergibt 14. Da die Überschlagsrechnung $4 \cdot 4 = 16$ ergibt, setze ich das Komma entsprechend und erhalte das Ergebnis $3{,}7 \cdot 4 = 14{,}8$.

491 Der Klassenvorstand muss 176 € einsammeln.

492 Im Oktober putzt er sich 93 Mal die Zähne.

493 Im September fährt sie 240 km mit dem Rad.

494 In einer Woche legt er 34 km zurück.

495 Der Treibstoffverbrauch beträgt für diese Strecke 43,2 l.

496 Die Produkte werden jeweils als Summe aufgeschrieben und diese ergibt jedesmal 0, egal wie viele Nullen addiert werden.

497 Im Buch ausgeführt.

498 Im Buch ausgeführt.

499 Im Buch ausgeführt.

500 a)

	· 10	· 100	· 1 000
57	570	5 700	57 000
5,3072	53,072	530,72	5 307,2
20,45	204,5	2 045	20 450

b)

	· 100	· 10 000	· 100 000
25	2 500	250 000	2 500 000
1,063	106,3	10 630	106 300
8,507	850,7	85 070	850 700

501 **a)** **1)** 800 **2)** 12 000 **3)** 24 000
4) 200 000

b) **1)** 12 000 **2)** 180 000 **3)** 360 000
4) 3 000 000

c) **1)** 1 560 **2)** 23 400 **3)** 46 800
4) 390 000

d) **1)** 18 240 **2)** 273 600 **3)** 547 200
4) 4 560 000

e) **1)** 46 **2)** 690 **3)** 1 380 **4)** 11 500

f) **1)** 109 **2)** 1 635 **3)** 3 270 **4)** 27 250

g) **1)** 60,24 **2)** 903,6 **3)** 1 807,2
4) 15 060

h) **1)** 290,4 **2)** 4 356 **3)** 8 712 **4)** 72 600

502 **a)** 2 001 **b)** 1 558 **c)** 3 588
d) 13 275 **e)** 178 318 **f)** 365 556 **g)** 70,2
h) 59,394 **i)** 260,715 **j)** 11 289,076
k) 5 585,76 **l)** 835,548

503 LEUCHTKAEFER

504 **a)** richtig, da $34 > 30$
b) falsch, da sowohl $61 > 60$ als auch $22 > 20$
c) richtig, da $26 > 25$ und $41 > 40$
d) richtig, da $54 < 55$ und $15 < 20$

505 **a)** richtig, da $350 = 10 \cdot 35$ und $480 = 12 \cdot 40$
b) falsch, da $5858 = 58 \cdot 101$
c) richtig, da $200 = 10 \cdot 20$ und $600 = 20 \cdot 30$
d) richtig, da $100 = 2{,}5 \cdot 40$ und $126 = 3 \cdot 42$
e) richtig, da $35 = 5 \cdot 7$ und $48 = 6 \cdot 8$
f) richtig, da $100 = 4 \cdot 25$ und $150 = 5 \cdot 30$

506 Die Gesamtkosten betragen 172,50 €.

507 Ein Fernsehspot mit 15 Sekunden Länge kostet 5 325 €.

508 Licht kommt in einer Minute 18 000 000 km weit.

509 Eine Kiste Mineralwasser kostet 12,60 €.

510 Sie spart dabei im Jänner 0,80 €.

511 Im Buch ausgeführt.

512 Im Buch ausgeführt.

513 **a)** 12,24 **b)** 78,78 **c)** 70,98 **d)** 92,95
e) 3,136 **f)** 77,14 **g)** 37,89 **h)** 16,262

514 **a)** 22,743 **b)** 10,836 **c)** 37,467
d) 16,769 **e)** 29,6223 **f)** 18,875
g) 224,042 **h)** 62,85811

515 RECHNEN IST ANSTRENGEND

516 **a)** falsch, richtig, richtig, falsch, falsch
b) richtig, falsch, falsch, richtig, richtig

517 **a)** falsch, falsch, falsch
b) richtig, falsch, richtig

518 Er zahlt 20,56 €.

519 Die Treibstoffkosten betragen 25,52 €.

520 **a)** 105,41 **b)** 224 **c)** 124,64
d) 58,015 **e)** 49,405 **f)** 2386,56
g) 729,8168 **h)** 7,26432

521 Im Buch ausgeführt.

522 Im Buch ausgeführt.

523 Im Buch ausgeführt.

524 **a)** 90 **b)** 178,2 **c)** 57,6 **d)** 56,7

525 z. B.: Leni steckt 4 Reihen Bügelperlen. In jeder Reihe liegen 7 Perlen. Wie viele Perlen sind es insgesamt?
Es sind 7 Perlen in jeder Reihe mit je 4 Reihen, daher insgesamt $7 \cdot 4 = 28$ Perlen.
Es sind 4 Perlen in jeder Spalte mit je 7 Spalten, daher insgesamt $4 \cdot 7 = 28$ Perlen.

Vor einem Zirkus gibt es 3 Kassen. An jeder Kasse stehen 5 Personen an. Wie viele Personen warten insgesamt?
Es sind 5 Personen pro Kasse mit je 3 Kassen, daher insgesamt $5 \cdot 3 = 15$ Personen.
Es warten immmer 3 Personen nebeneinander und das 5 mal, daher insgesamt $3 \cdot 5 = 15$ Personen.

526 Jasmins Aussage stimmt.
z. B.: $(2{,}5 \cdot 3) \cdot 2 = (2{,}5 \cdot 2) \cdot 3 = 5 \cdot 3 = 15$

527 **a)** 370, 880 **b)** 3 700, 3 400
c) 540, 600 **d)** 3 500, 6 000
e) 17 000, 10 000 **f)** 9 000, 8 800

528 **a)** 39; 72 **b)** 42,6; 28 **c)** 32; 24,8
d) 21; 30,6 **e)** 245; 85,6 **f)** 225; 10 800

529 **1)** $2 \cdot 3 \cdot 4$
2) mittlere Abbildung: $(2 \cdot 3) \cdot 4$,
rechte Abbildung: $2 \cdot (3 \cdot 4)$

530 [A] [C] [B]

531 Lena hat recht, weil nur Multiplikationen vorkommen und das Assoziativgesetz gilt.
z. B.: $7 \cdot (3 \cdot 4) = 7 \cdot 12 = 84$ ergibt das gleiche Ergebnis wie $(7 \cdot 3) \cdot 4 = 21 \cdot 4 = 84$ und das ist das gleiche wie Lena rechnet $7 \cdot 3 \cdot 4 = 21 \cdot 4 = 84$.

532 Karl hat recht, da $2 \cdot 2 = 4$ ist und das Assoziativgesetz gilt. z. B.: $7 \cdot 4 = 7 \cdot (2 \cdot 2) = (7 \cdot 2) \cdot 2 = 14 \cdot 2 = 28$

533 **a)** 90 **b)** 150 **c)** 210 **d)** 15 **e)** 27
f) 45

534 Im Buch ausgeführt.

535 Im Buch ausgeführt.

536 Im Buch ausgeführt.

537 **a)** $1{,}2 \cdot 5 + 1{,}3 = 7{,}3$; $1{,}2 \cdot (5 + 1{,}3) = 7{,}56$
b) $8 \cdot 2{,}2 + 3{,}8 = 21{,}4$; $8 \cdot (2{,}2 + 3{,}8) = 48$
c) $7{,}5 + 2{,}5 \cdot 8{,}2 = 28$; $(7{,}5 + 2{,}5) \cdot 8{,}2 = 82$
d) $1{,}6 \cdot 5 + 5{,}2 \cdot 3 = 23{,}6$; $1{,}6 \cdot (5 + 5{,}2 \cdot 3) = 32{,}96$

538 **a)** $(5 + 7) \cdot 3 = 36$
b) $4 + (4 + 3) \cdot 2 = 18$
c) $(7 - 3) \cdot (5 - 2) = 12$
d) $12 + 6 \cdot (1{,}5 - 0{,}5) = 18$
e) $(10 - 3 + 7) \cdot 10 = 140$
f) $2{,}3 \cdot (25 - 15) + 4 = 27$

539 **a)** [C] [E] [A] [B] [D]
b) [D] [A] [E] [C] [B]

540 $300 \cdot 320 + 82 \cdot 450 = 132\,900$
Die Einnahmen betragen also 132 900 €.

541 $10 - (3 \cdot 1{,}05 + 2 \cdot 1{,}80) = 3{,}25$
Er bekommt also 3,25 € Wechselgeld.

542 $25 \cdot (3 + 7{,}50) + 155 = 417{,}50$
Es fallen also 417,50 € Gesamtkosten an.

543 **a)** $6{,}2 \cdot 4{,}5 - 2{,}5 \cdot 1{,}2 = 24{,}9$
$6{,}2 \cdot (4{,}5 - 2{,}5) \cdot 1{,}2 = 14{,}88$
$6{,}2 \cdot (4{,}5 - 2{,}5 \cdot 1{,}2) = 9{,}3$
b) $(3{,}5 + 2{,}5) \cdot (3{,}5 - 2{,}5) = 6$
$3{,}5 + (2{,}5 \cdot 3{,}5 - 2{,}5) = 9{,}75$
$(3{,}5 + 2{,}5 \cdot 3{,}5) - 2{,}5 = 9{,}75$
c) $(85{,}4 - 3) \cdot 2{,}5 - 1{,}5 = 204{,}5$
$(85{,}4 - 3 \cdot 2{,}5) - 1{,}5 = 76{,}4$
$85{,}4 - (3 \cdot 2{,}5 - 1{,}5) = 79{,}4$

544 **a)** $4 \cdot (34 + 15) = 196$
b) $12 \cdot 30 - (12 + 30) = 318$
c) $2 \cdot (48 - 33) = 30$
d) $3 \cdot 23 + 300 = 369$

545 **a)** 930; die erste Art ist einfacher, da man nur eine einfache Multiplikation ausführen muss.
b) 1 624; die zweite Art ist möglicherweise einfacher, da es leichter ist mit 30 und mit 1 zu multiplizieren, als mit 29, dafür muss man die Ergebnisse allerdings noch subtrahieren.
c) 1 440; die erste Art ist einfacher, da man nur eine einfache Multiplikation ausführen muss.

d) 620; die erste Art ist einfacher, da man nur eine einfache Multiplikation ausführen muss.

e) 1 064; die zweite Art ist möglicherweise einfacher, da es leichter ist mit 20 und mit 1 zu multiplizieren, als mit 19, dafür muss man die Ergebnisse allerdings noch subtrahieren.

546 **a)** = 18 · 5 + 18 · 20 = 450
b) = 6 · 14 – 6 · 9 = 30
c) = 13 · (9 + 11) = 260
d) = 34 · (5 – 18) = 1360

547 **a)** 8 000; 12 000; 200 000
b) 12 000; 18 000; 300 000
c) 100 000; 150 000; 2 500 000
d) 400 000; 600 000; 10 000 000

548 **a)** richtig, falsch, richtig, falsch, richtig
b) richtig, falsch, richtig, falsch, richtig

549 HARRY POTTER

550 **a)** richtig, da 38 = 2 · 19 und 37 · 2 = 74
b) richtig, da beide Faktoren auf der linken Seite größer sind, als beide Faktoren auf der rechten Seite.
c) richtig, da 26 = 2 · 13 und 4,5 · 2 = 9
d) richtig, da beide Faktoren auf der rechten Seite größer sind, als beide Faktoren auf der linken Seite.

551 UEBERMUT TUT SELTEN GUT

552 VERGISS NICHT DAS KOMMA

553 **a)**
```
 4 5·3 2
--------
1 3 5
    9 0
-------
1 4 4 0
```
b)
```
 4 4 6·3 2
----------
1 3 3 8
    8 9 2
---------
1 4 2 7 2
```
c)
```
2 2 2·1 2 5
-----------
2 2 2
  4 4 4
  1 1 1 0
---------
2 7 7 5 0
```

554 **a)** 325,6 **b)** 541,8 **c)** 798 **d)** 3 034
e) 29,25 **f)** 259,84 **g)** 293,933

555 **a)** 15,39 **b)** 2 473,2 **c)** 2 808
d) 2 897,37 **e)** 227,43 **f)** 2 218,23
g) 4 459,42 **h)** 1 492 550,4

556 DAS HAST DU GUT GEMACHT

557 **a)**
```
 5 4,9·2 7
----------
1 0 9 8
  3 8 4 3
---------
1 4 8,2 3
```
b)
```
 6 5 8·2 2
----------
1 3 1 6
  1 3 1 6
---------
1 4 4 7 6
```
c)
```
1 1 1·2 9 8
-----------
2 2 2
  9 9 9
    8 8 8
---------
3 3 0 7 8
```

558 Miras Ergebnis ist falsch. Rechnet man untereinander, so erhält man 179,900, also drei Nachkommastellen, wie die Regel besagt. Die Nullen können aber weggelassen werden, wodurch man 179,9 als Ergebnis erhält. Dass ihr Ergebnis nicht stimmen kann, kann man auch an einer Überschlagsrechnung sehen:
64,25 · 3 ≈ 60 · 3 = 180.

559 **a)** 273 **b)** 798 **c)** 169 **d)** 119
e) 1 719 **f)** 397 **g)** 12 **h)** 592

560 Die Ergebnisse sind unterschiedlich, weil die Klammersetzung verschieden ist:
1) = 3 + 8 · 3 = 27 **2)** = 11 · 5 – 2 = 53

561 Es gibt jeweils vier Möglichkeiten, sodass unterschiedliche Ergebnisse herauskommen.
a) (1,3 · 3,3) – 1,2 · 1,4 = 1,3 · 3,3 – (1,2 · 1,4) =
= (1,3 · 3,3 – 1,2 · 1,4) = 2,61
1,3 · (3,3 – 1,2) · 1,4 = 3,822
(1,3 · 3,3 – 1,2) · 1,4 = 4,326
1,3 · (3,3 – 1,2 · 1,4) = 2,106
b) (3,7 · 1,8) + 6,2 · 1,1 = 3,7 · 1,8 + (6,2 · 1,1) =
= (3,7 · 1,8 + 6,2 · 1,1) = 13,48
3,7 · (1,8 + 6,2) · 1,1 = 32,56
(3,7 · 1,8 + 6,2) · 1,1 = 14 146
3,7 · (1,8 + 6,2 · 1,1) = 31,894
c) (2,4 · 5,2) – 1,3 · 2,5 = 2,4 · 5,2 – (1,3 · 2,5) =
= (2,4 · 5,2 – 1,3 · 2,5) = 9,23
2,4 · (5,2 – 1,3) · 2,5 = 23,4
(2,4 · 5,2 – 1,3) · 2,5 = 27,95
2,4 · (5,2 – 1,3 · 2,5) = 4,68
d) (4,2 · 6,1) – 1,4 · 2,7 = 4,2 · 6,1 – (1,4 · 2,7) =
= (4,2 · 6,1 – 1,4 · 2,7) = 21,84
4,2 · (6,1 – 1,4) · 2,7 = 53,298
(4,2 · 6,1 – 1,4) · 2,7 = 65,394
4,2 · (6,1 – 1,4 · 2,7) = 9,744

562 **a)** Kommutativgesetz: = 2,5 · 4 · 7,3 = 73
b) Distributivgesetz: = 8 · (2,3 + 7,7) = 80

c) Distributivgesetz: $= 15 \cdot (100 - 1) =$
$= 15 \cdot 100 - 15 \cdot 1 = 1\,485$

563 a) $= 25 \cdot 35 + 25 \cdot 47 + 25 \cdot 18 = 2\,500$
b) $= 654 \cdot 44 + 654 \cdot 88 - 654 \cdot 32 = 65\,400$
c) $= 3{,}5 \cdot 1{,}7 - 3{,}5 \cdot 0{,}3 + 3{,}5 \cdot 1{,}8 = 11{,}2$
d) $= 7{,}8 \cdot 8{,}3 - 6{,}5 \cdot 8{,}3 - 1{,}3 \cdot 8{,}3) = 0$

564 a) $2{,}5 \cdot (4{,}8 + 5{,}6) + 8{,}1 = 34{,}1$
b) $(3{,}4 \cdot 1{,}5 + 7{,}1) \cdot 3{,}5 = 42{,}7$
c) $4 \cdot 8 + 3 \cdot (6 - 5) = 35$
d) $(5{,}5 \cdot 4{,}7 + 1{,}25) \cdot 3 = 81{,}3$

565 Die Einnahmen belaufen sich auf 150 816 €.

566 Der Wert der Bücher beträgt 11 904 €.

567 Die Errichtung der Straße kostete 56 404 000 €.

568 a) 420 **b)** 1 860 **c)** 21 900

569 Lisa zahlt um 181 € mehr.

570 Die Treibstoffkosten betragen 46,92 €.

571 Beim Teilzahlungsangebot zahlt man um 36,90 € mehr.

572 $6 \cdot (4{,}78 + 3{,}44 + 1{,}72) + 18{,}60 = 78{,}24$
Das neue Kaffeegeschirr kostet also 78,24 €.

573 $23 \cdot (11{,}25 + 18{,}90 + 16{,}29 + 24{,}90 + 33{,}60) =$
$= 2\,413{,}62$
Die Bücher haben also einen Wert von 2 413,62 €.

574 Ja, sie kann die Riesenschlecker kaufen, da sie für 13 Stück 28,47 € bezahlt.

575 a) Das Produkt wird verdoppelt, z. B.:

$\cdot 3$: 2 → 6 ⇒ $\cdot 6$: 2 → 12 oder $\cdot 3$: 4 → 12

$2 \cdot 3 = 6$ $\quad$ $2 \cdot 6 = 12$ $\quad$ $4 \cdot 3 = 12$

b) Das Produkt wird verzehnfacht, z. B.:

$\cdot 3$: 0,8 → 2,4 ⇒ $\cdot 3$: 8 → 24 oder $\cdot 30$: 0,8 → 24

$0{,}8 \cdot 3 = 2{,}4$ $\quad$ $8 \cdot 3 = 24$ $\quad$ $0{,}8 \cdot 30 = 24$

c) Das Produkt wird verneunfacht, z. B.:

$\cdot 4$: 0,5 → 2 ⇒ $\cdot 12$: 1,5 → 18

$0{,}5 \cdot 4 = 2$ $\quad$ $1{,}5 \cdot 12 = 18$

d) Das Produkt wird verhundertfacht, z. B.:

$\cdot 1{,}5$: 0,3 → 0,45 ⇒ $\cdot 15$: 3 → 45

$0{,}3 \cdot 1{,}5 = 0{,}45$ $\quad$ $3 \cdot 15 = 45$

e) Das Produkt wird verzehnfacht, z. B.:

$\cdot 2$: 1,8 → 3,6 ⇒ $\cdot 10$: 3,6 → 36 oder $\cdot 4$: 9 → 36

$1{,}8 \cdot 2 = 3{,}6$ $\quad$ $3{,}6 \cdot 10 = 36$ $\quad$ $9 \cdot 4 = 36$

f) Das Produkt wird verzehnfacht, z. B.:

$\cdot 2{,}4$: 2 → 4,8 ⇒ $\cdot 9{,}6$: 5 → 48 oder $\cdot 6$: 8 → 48

$2 \cdot 2{,}4 = 4{,}8$ $\quad$ $5 \cdot 9{,}6 = 48$ $\quad$ $8 \cdot 6 = 48$

576 Produkt; Faktoren

577 z. B.: $z = 5$; $5 \cdot 0 = 0 + 0 + 0 + 0 + 0 = 0$

578 Das Produkt von 5 und 17 wird um 3 vermindert: $5 \cdot 17 - 3$

Die Summe von 17 und 3 wird verfünffacht: $5 \cdot (17 + 3)$

Aus dem Fünffachen von 17 und dem Fünffachen von 3 wird die Summe gebildet: $5 \cdot 17 + 5 \cdot 3$

Die Differenz von 17 und 3 wird verfünffacht: $5 \cdot (17 - 3)$

Das Fünffache von 17 wird um 3 vergrößert: $5 \cdot 17 + 3$

579 B D A E C

580 a) $14 \cdot 5 - 45 = 25$ **b)** $(32 + 12) \cdot 7 = 308$
c) $(75 - 19) \cdot 2 = 112$ **d)** $26 \cdot 14 + (26 - 14) = 376$
e) $34 \cdot 12 + (34 - 12) = 430$ **f)** $(25 + 19) \cdot 2 = 88$

581 Das Produkt wird …
a) 1) … verdoppelt, z. B.: $4 \cdot 3 = 12$; $(4 \cdot 2) \cdot 3 = 24$.
2) … verdoppelt, z. B.: $7 \cdot 4 = 28$; $7 \cdot (4 \cdot 2) = 56$.
3) … vervierfacht, z. B.: $3 \cdot 5 = 15$; $(3 \cdot 2) \cdot (5 \cdot 2) = 60$.
b) 1) … verdreifacht, z. B.: $7 \cdot 2 = 14$; $(7 \cdot 3) \cdot 2 = 42$.
2) … verdreifacht, z. B.: $4 \cdot 5 = 20$; $4 \cdot (5 \cdot 3) = 60$.

3) … verneunfacht, z. B.: $2 \cdot 3 = 6$; $(2 \cdot 3) \cdot (3 \cdot 3) = 54$.

582 a) Kommutativgesetz;
z. B.: $20 \cdot 4 = 4 \cdot 20 = 20 + 20 + 20 + 20 = 80$;
Viermal den 20er ist einfacher zu rechnen, als 20 mal den 4er.
b) Assoziativgesetz;
z. B.: $2 \cdot (5 \cdot 37) = (2 \cdot 5) \cdot 37 = 10 \cdot 37 = 370$;
Der zweite Ausdruck ist leichter zu rechnen, da $2 \cdot 5 = 10$ ist.
c) Distributivgesetz;
z. B.: $4 \cdot (30 + 1) = 4 \cdot 30 + 4 \cdot 1 = 120 + 4 = 124$;
Der zweite Ausdruck ist leichter zu rechnen, weil die Multiplikationen einfacher sind.
d) Distributivgesetz;
z. B.: $7 \cdot (20 - 1) = 7 \cdot 20 - 7 \cdot 1 = 140 - 7 = 133$;
Der zweite Ausdruck ist leichter zu rechnen, weil die Multiplikationen einfacher sind.

583–600 Lösungen siehe Schulbuch (Anhang ab S. 217)

Thema: Zählen und schätzen – Weizenkornlegende und Fermi-Aufgaben

T1 18 Trillionen 446 Billiarden 744 Billionen 73 Milliarden 709 Millionen 551 Tausend 615

T2 a) 512 **b)** 1 023 **c)** auf dem 11. Feld

T3 Nein, ein Sattelschlepper reicht nicht aus, da dieser nur 500 000 000 Weizenkörner transportieren kann. Man würde für die ganze Weizenmenge ungefähr 40 000 000 000 Sattelschlepper benötigen.

T4 *Hinweis:* Stellt euch z. B. zu dritt hintereinander auf und schätzt ab, wie viel Platz der mittlere Schüler braucht. Diesen Wert könnt ihr dann mit der Schülerzahl multiplizieren. Wisst ihr die Schülerzahl nicht, so nehmt die Schülerzahl in eurer Klasse und multipliziert mit der Anzahl der Klassen, so kommt ihr auf einen ungefähren Wert.

T5 *Hinweis:* Zählt z. B. die Blätter an einem kleinen Zweig und dann die kleinen Zweige am nächstgrößeren Ast und multipliziert diese Werte. Nehmt den so erhaltenen Wert und multipliziert wieder mit der Anzahl dieser Äste auf dem nächstgrößeren Ast, usw. bis ihr zu den Hauptästen kommt und damit die Gesamtzahl von Blättern abschätzen könnt.

T6 *Hinweis:* Zeichnet z. B. den Grundriss eurer Schultasche auf ein Blatt Papier und überlegt wie viele 1€-Münzen draufpassen. Schätzt weiters ab, wie viele Münzen ihr stapeln müsst, damit der Turm genauso hoch wie die Schultasche wird. Multipliziert nun diese beiden Werte, um auf die geschätzte Gesamtzahl zu kommen. Schätzt nun, wie viel eine Münze wiegt und multipliziert mit der Anzahl der Münzen, die hineinpassen.

T7 *Hinweis:* Überlegt, wie schwer z. B. eine große Popcorntüte im Kino sein könnte und wie viele solche Tüten in ein Klassenzimmer passen, und multipliziert diese beiden Werte.

T8 *Hinweis:* Überlegt, wie groß ein Fußballplatz ist, und schaut euch z. B. in einem Video an, welche ungefähre Strecke ein Spieler in einer Minute davon zurücklegt. Multipliziert diesen Wert dann mit der Dauer des Spieles (ein Match dauert zwei mal 45 min).

T9 z. B.: Wie viele Grashalme wachsen auf einem Quadratmeter? Wie viele Sonnenblumen stehen in Österreich? …

5. Geometrische Körper

Seite 109: ☒ ▢ ▢ ☒ ☒

z. B.:

5 2
4 4

601 Im Buch ausgeführt.

602 Im Buch ausgeführt.

603 Im Buch ausgeführt.

604 a) z. B.: Schuhschachtel, Buch, …
b) z. B.: Spielwürfel, Eiswürfel, …

605 a)

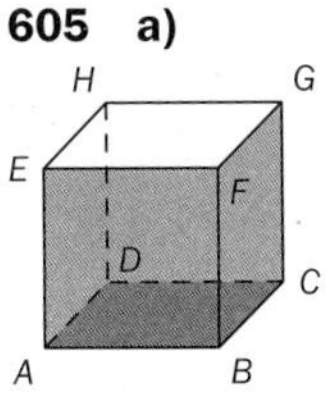

b)

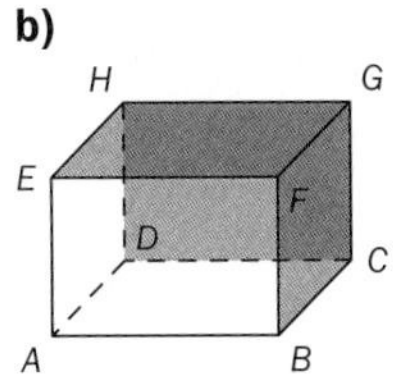

c)

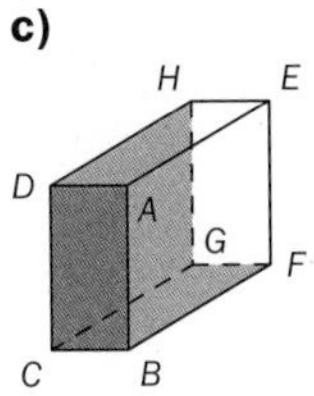

d)

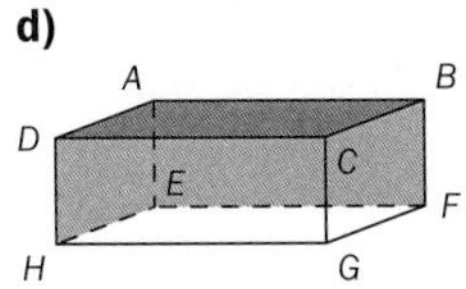

606 a) *ABCD, ABFE, ADHE* **b)** *ABCD, ABFE, BCGF*
c) *ABCD, BCGF, DCHG* **d)** *ABCD, DCGH, ADHE*
e) *EFGH, ABFE, ADHE* **f)** *EFGH, ABFE, BCGF*
g) *EFGH, BCGF, DCGH* **h)** *EFGH, DCGH, ADHE*

607 a) Eckpunkte: *D*, *C*; Kante: *DC*
b) Eckpunkte: *D*, *H*; Kante: *DH*
c) Eckpunkte: *B*, *F*; Kante: *BF*
d) Eckpunkte: *C*, *D*; Kante: *DC*

608 Die beiden Flächen sind parallel.
a) *ABCD* **b)** *ADHE* **c)** *DCGH* **d)** *BFGC*

609 a) *ABFE, ADHE, BCGF, DCGH*
b) *ABCD, ABFE, DCGH, EFGH*
c) *ABCD, ADHE, BCGF, EFGH*
d) *ABCD, ABFE, DCGH, EFGH*

610 Die Aussage ist richtig. Haben zwei Flächen eine Kante gemeinsam, so haben sie zwei gemeinsame Eckpunkte. Da alle Kanten eines Eckpunktes aufeinander normal stehen, müssen auch die beiden Flächen aufeinander normal stehen.

611 a) falsch, richtig, richtig, falsch, falsch
b) falsch, richtig, richtig, richtig, falsch

612 a) 1) *EF, DC, HG* **2)** *FG, EH, CG, DH*
b) 1) *AD, FG, EH* **2)** *AE, DH, EF, GH*
c) 1) *BA, FE, GH* **2)** *FG, EH, AE, BF*
d) 1) *BC, EH, FG* **2)** *EF, GH, BF, CG*
e) 1) *BF, DH, CG* **2)** *BC, FG, CD, GH*
f) 1) *AE, CG, DH* **2)** *AD, EH, CD, GH*

613 Es sind keine Würfel im mathematischen Sinn, da die Begrenzungsflächen keine Quadrate sind bzw. weil nicht alle Seiten gleich lang sind.

614 Bei einem Würfel sind alle Seiten gleich lang, d. h. die Begrenzungsflächen sind alle Quadrate.

615 Im Buch ausgeführt.

616 a) kein Netz eines Quaders, weil zwei gleiche Flächen direkt nebeneinander sind
b) kein Netz eines Quaders, weil jeweils zwei gleiche Flächen direkt nebeneinander sind
c) kein Netz eines Quaders, da die Grund- und Deckfläche beide unten gezeichnet sind
d) kein Netz eines Quaders, da z. B. die beiden markierten Linien gleich lang sein müssten

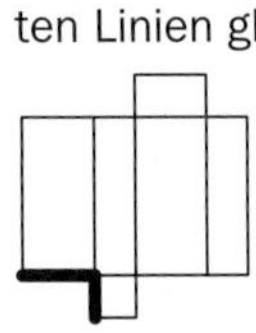

617 **a)** Netz eines Quaders

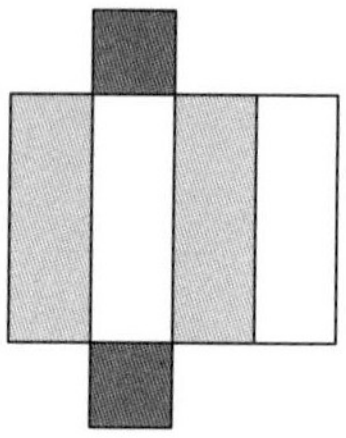

b) kein Netz eines Quaders, weil im markierten Punkt vier Flächen aufeinander treffen

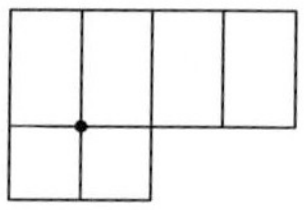

c) kein Netz eines Quaders, da z. B. die beiden markierten Linien gleich lang sein müssten

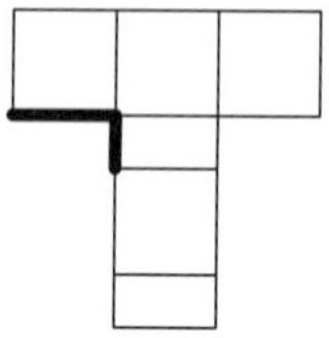

d) Netz eines Quaders

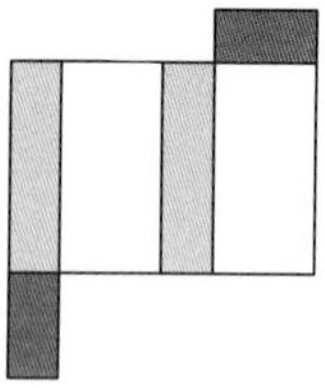

618 **1)** z. B.:

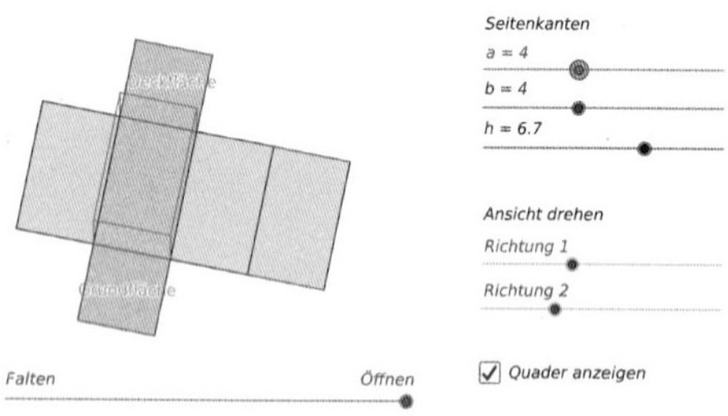

2) z. B.:

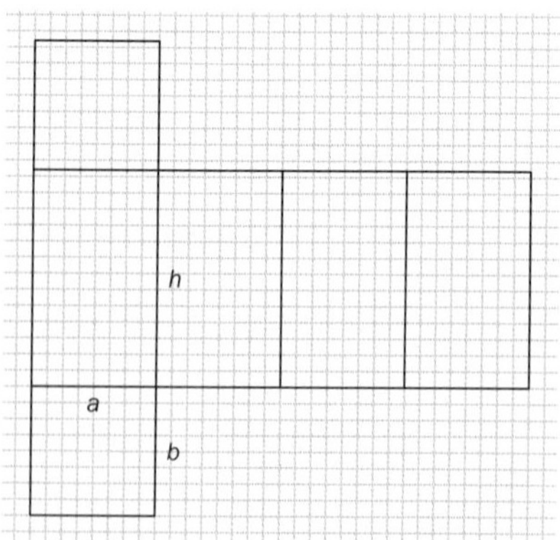

619 **1)** z. B.:

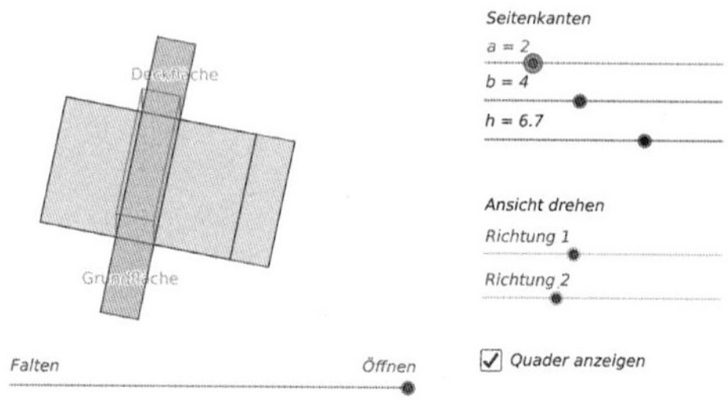

2) z. B.:

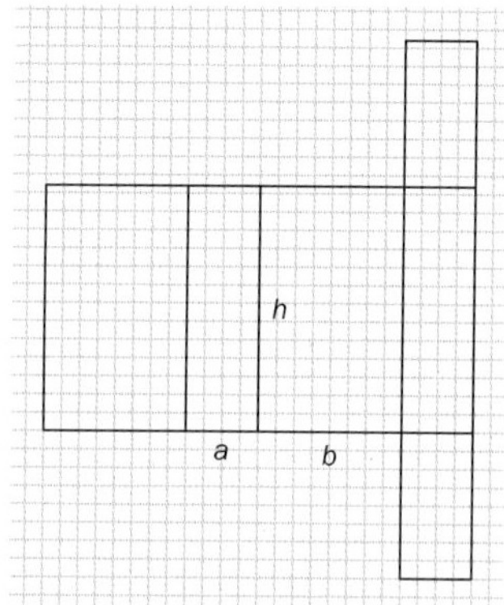

620 **a)** Die Grund- und die Deckfläche bleiben gleich, der Mantel wird höher oder weniger hoch.

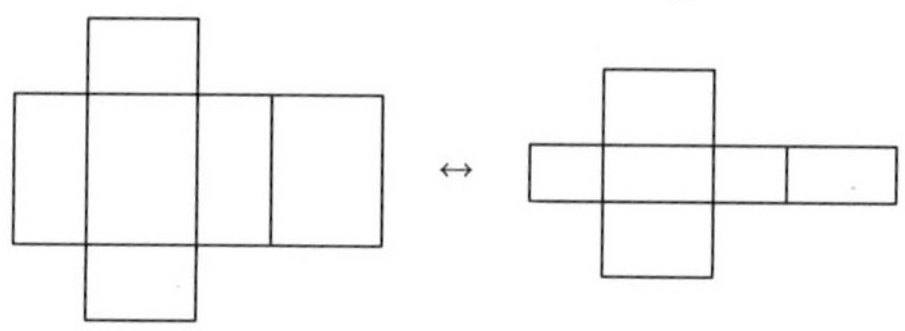

b) Das Netz wird in längsrichtung gestreckt oder gestaucht. Zwei gegenüberliegende Seitenflächen des Mantels bleiben gleich.

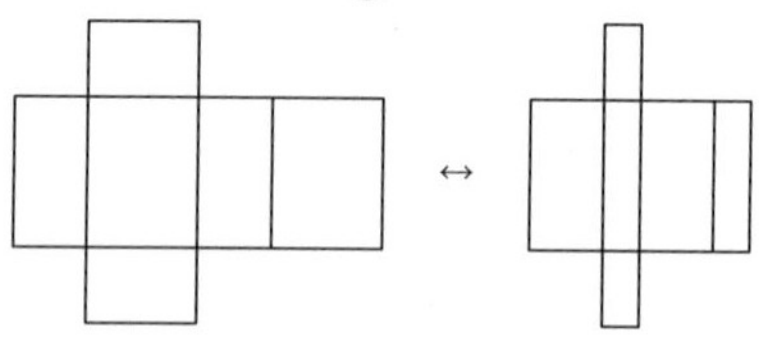

c) Das Netz wird in zwei Richtungen gestreckt oder gestaucht. Zwei gegenüberliegende Seitenflächen des

Mantels bleiben gleich.

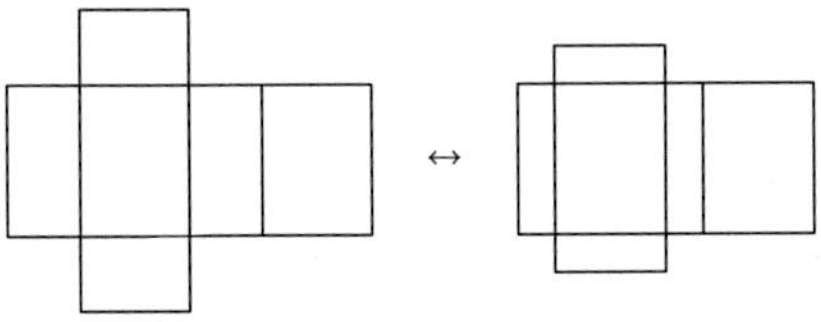

621 Es gibt 11 verschiedene Würfelnetze.

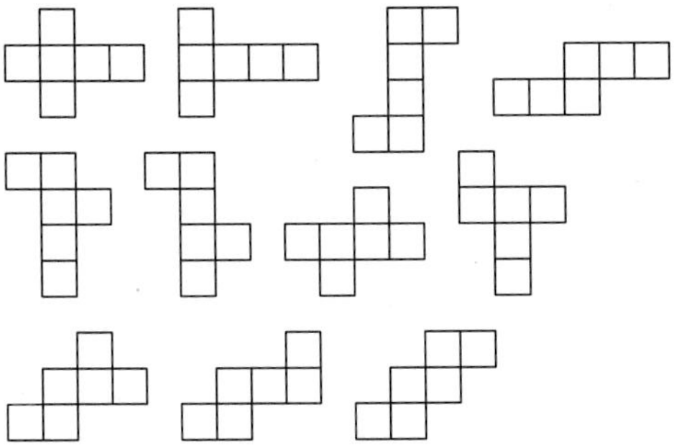

622 **a)** *A* und *C*, *B* und *E*, *D* und *F*

b) *A* und *C*, *B* und *D*, *E* und *F*

c) *A* und *F*, *B* und *D*, *C* und *E*

d) *A* und *E*, *B* und *D*, *C* und *F*

623 **a)**

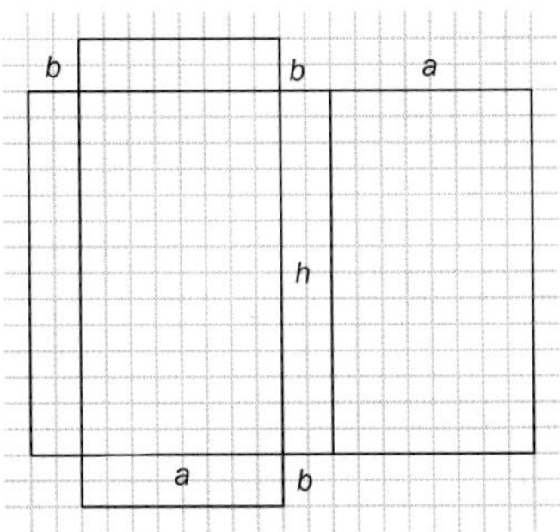

b)

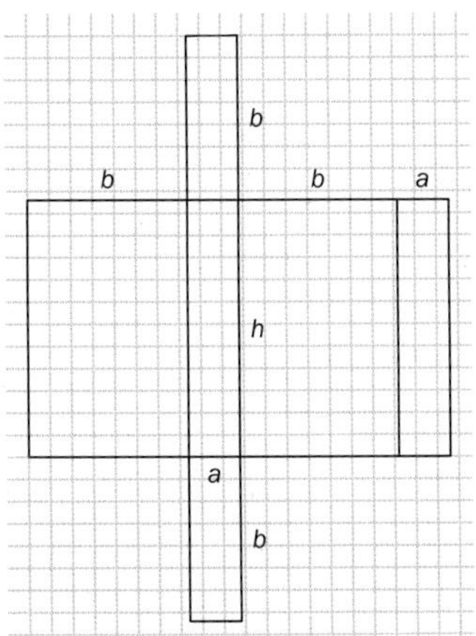

c)

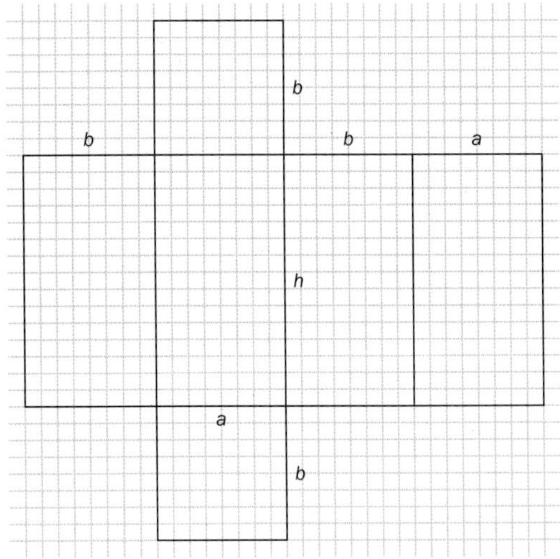

d)

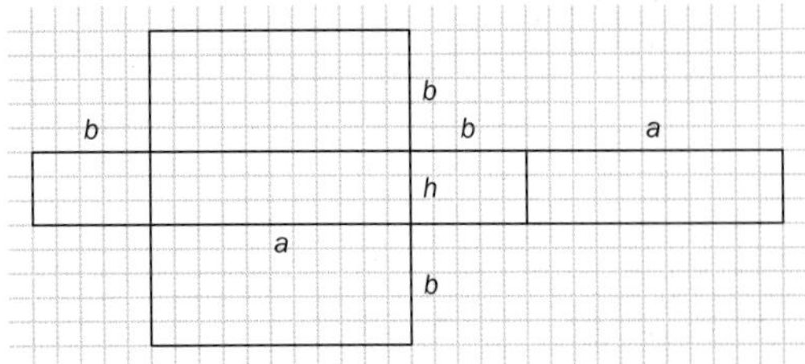

624 **a)**

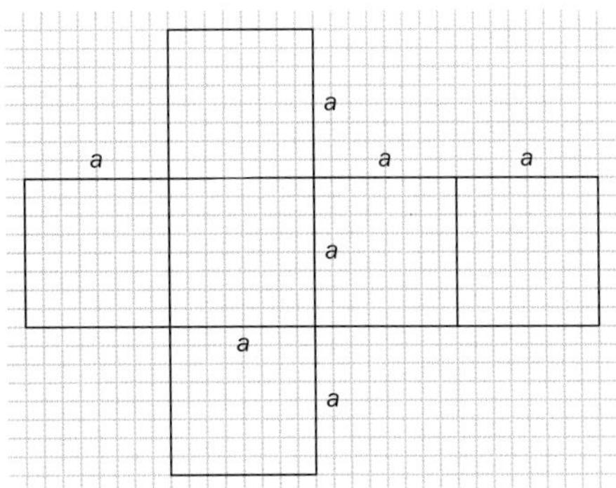

b)

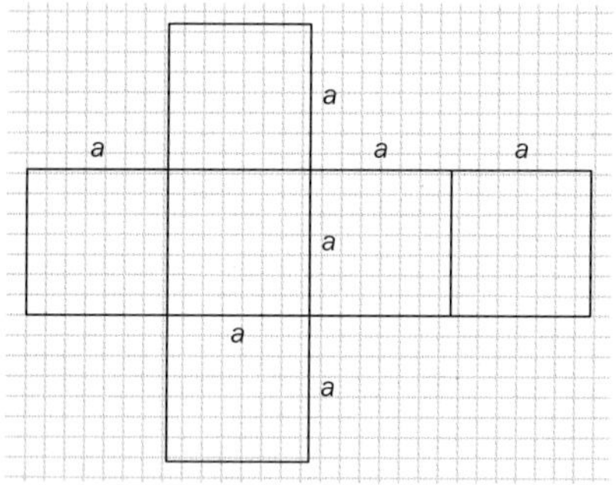

c)

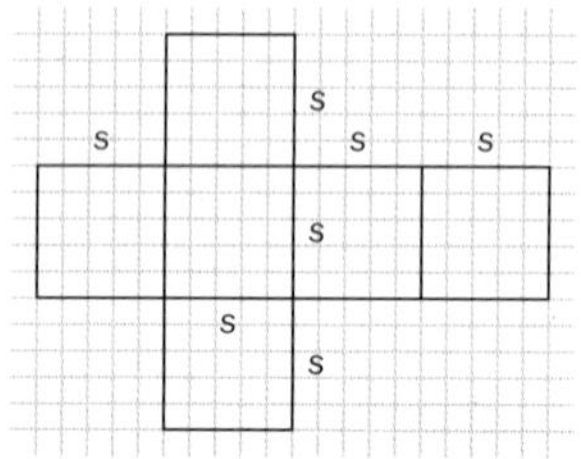

d)

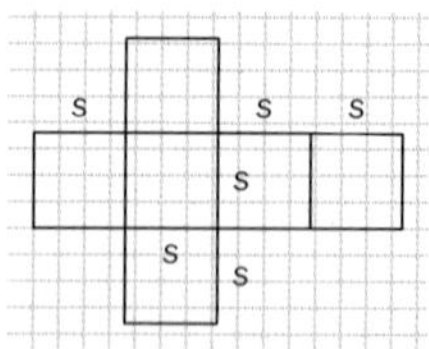

625 Im Buch ausgeführt.

626 Im Buch ausgeführt.

627 a)

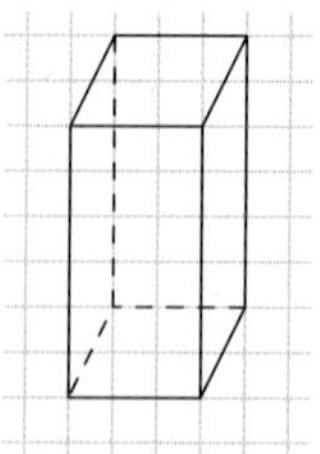

b)

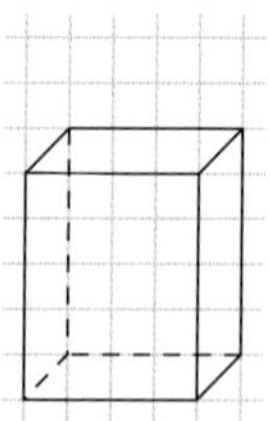

c)

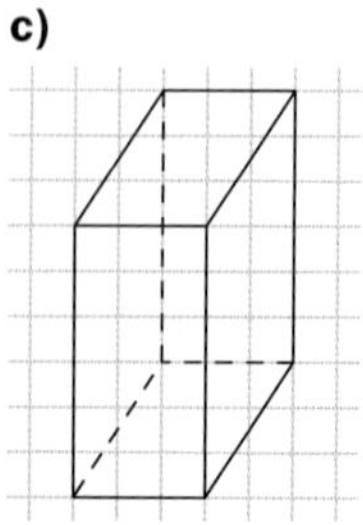

d)

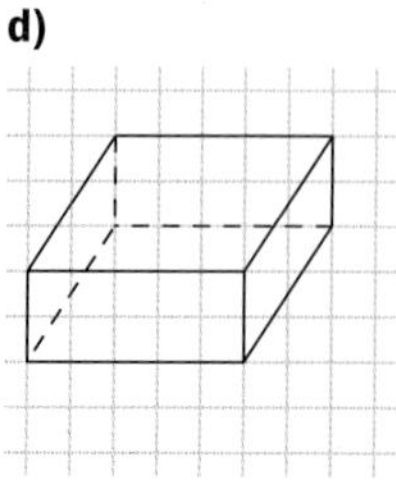

628 rechts oben: $0° < \alpha < 90°$
links oben: $90° < \alpha < 180°$
links unten: $180° < \alpha < 270°$
rechts unten: $270° < \alpha < 360°$

629 *Hinweis:* Damit sich ein Würfel ergibt, müssen die Werte für a, b und h gleich sein. Wird der Winkel α verändert, so sieht man den Würfel einmal von rechts oben, dann von links oben, dann von links unten und schließlich von rechts unten.

630 a)

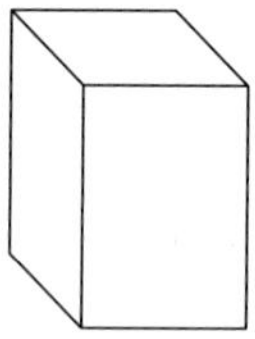

b)

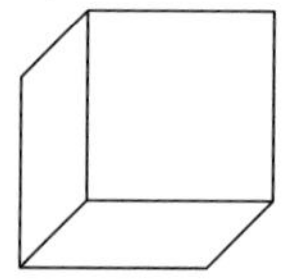

c)

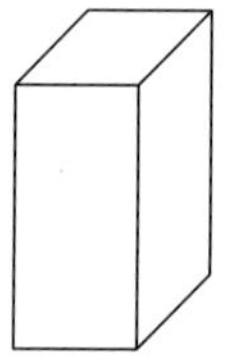

d)

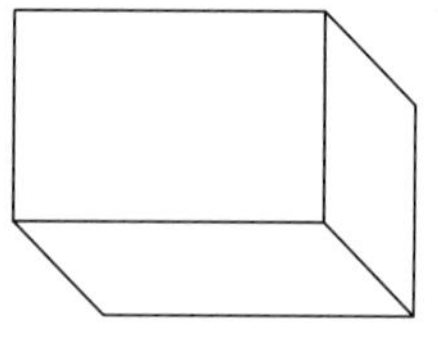

631 z. B.:

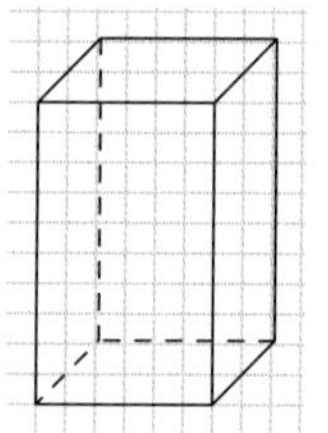

632 z. B.:

a)

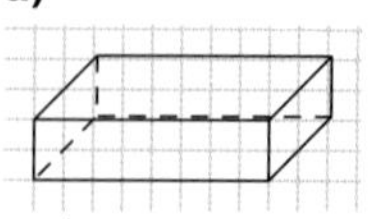

b)

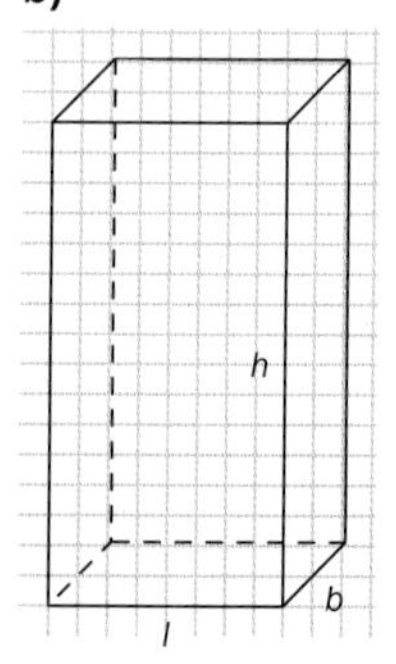

633 z. B.:

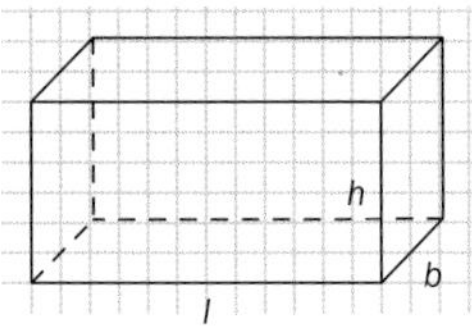

634 z. B.:

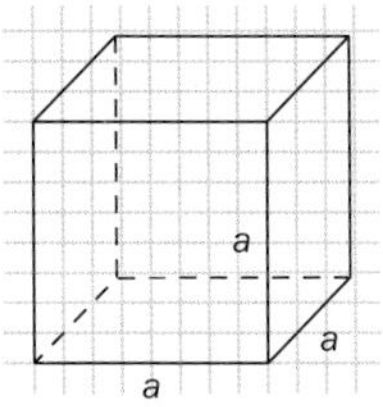

635 Niki hat die Breite nicht verkürzt gezeichnet.

636 a)

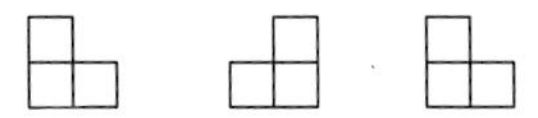

von vorne *von rechts* *von oben*

b)

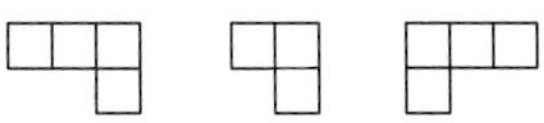

von vorne *von rechts* *von oben*

c)

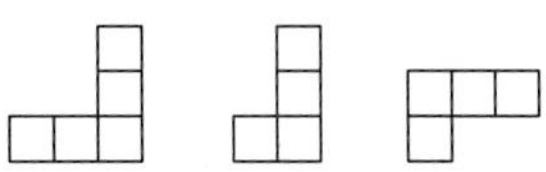

von vorne *von rechts* *von oben*

d)

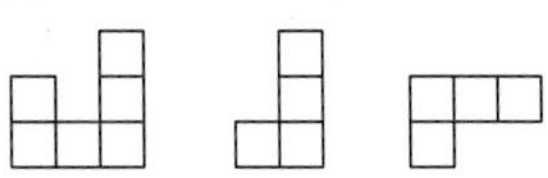

von vorne *von rechts* *von oben*

637 gemeinsame Eigenschaften: gegenüberliegende Kanten sind parallel und gleich lang, von jedem Eckpunkt gehen 3 aufeinander normal stehende Kanten aus, zu jeder Kante gibt es vier windschiefe Kanten, gegenüberliegende Flächen sind parallel und deckungsgleich, aufeinander normal stehende Begrenzungsflächen haben eine Kante gemeinsam;
Quader: alle Begrenzungsflächen sind Rechtecke;
Würfel: alle Kanten sind gleich lang, alle Begrenzungsflächen sind Quadrate

638 a)

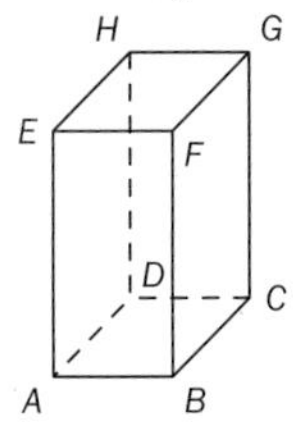

b)

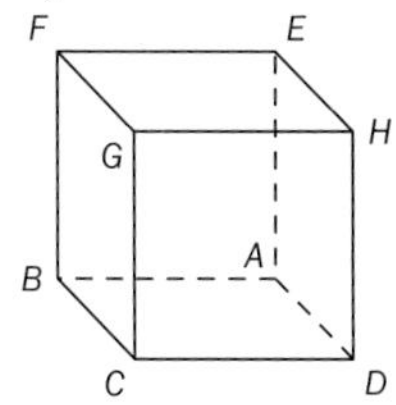

c)

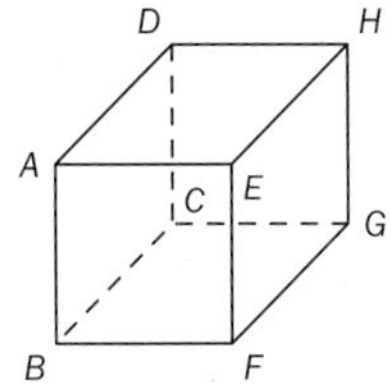

d)

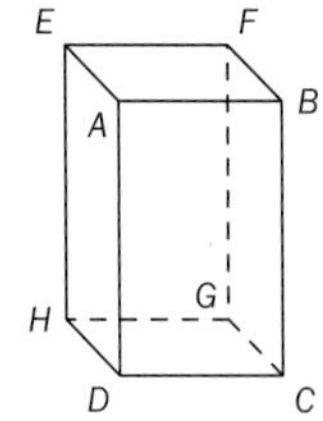

639 a)

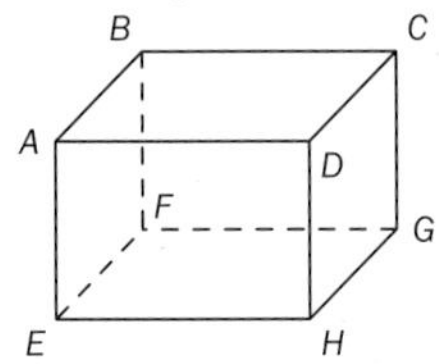

b)

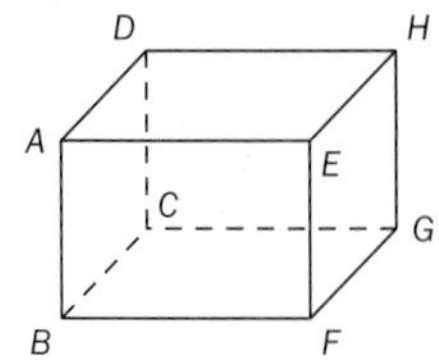

c)

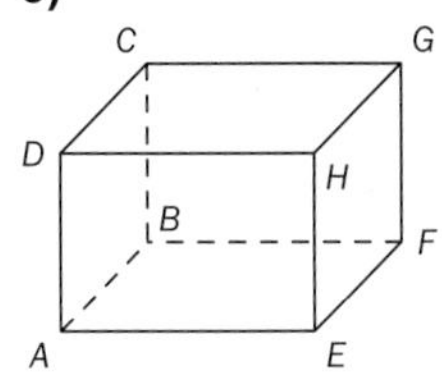

d)

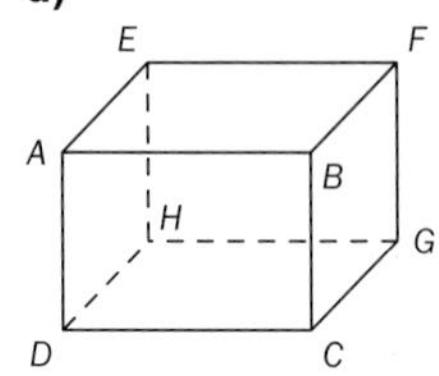

640 Ein Quader hat 12 Kanten: *AB*, *BC*, *CD*, *DA*, *AE*, *BF*, *CG*, *DH*, *EF*, *FG*, *GH*, *HE*

641 a) $EF \perp AE$, gemeinsamer Punkt: *E*
b) $AB \parallel HG$, kein gemeinsamer Punkt
c) $EF \perp FG$, gemeinsamer Punkt: *F*
d) *EF* und *BC* liegen windschief,
kein gemeinsamer Punkt

642 a) $AB \perp AD$, $AB \perp AE$, $AD \perp AE$
b) $AB \perp BC$, $AB \perp BF$, $BC \perp BF$
c) $BC \perp CD$, $BC \perp CG$, $CD \perp CG$
d) $AD \perp DC$, $AD \perp DH$, $DC \perp DH$
e) $AE \perp EF$, $AE \perp EH$, $EF \perp EH$
f) $BF \perp EF$, $BF \perp FG$, $EF \perp FG$
g) $CG \perp FG$, $CG \perp GH$, $FG \perp GH$
h) $DH \perp EH$, $DH \perp GH$, $EH \perp GH$

643 a) *AB, BF, CD, CG* **b)** *BC, CG, AD, DH*
c) *AB, BC, EF, FG* **d)** *BC, CD, FG, GH*
e) *AD, CD, EH, GH* **f)** *AE, EH, BF, FG*
g) *BF, EF, CG, GH* **h)** *AE, EF, DH, GH*

644 a)

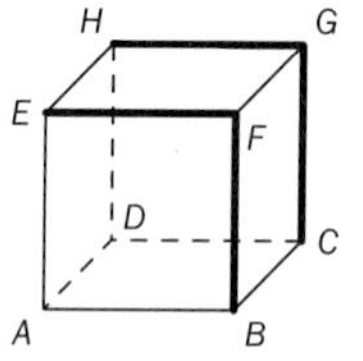

b)

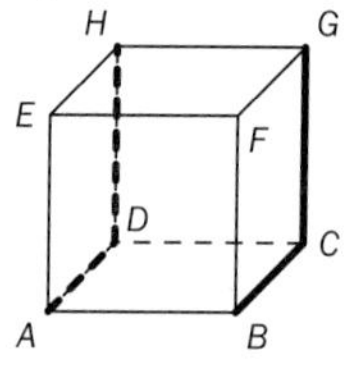

c)

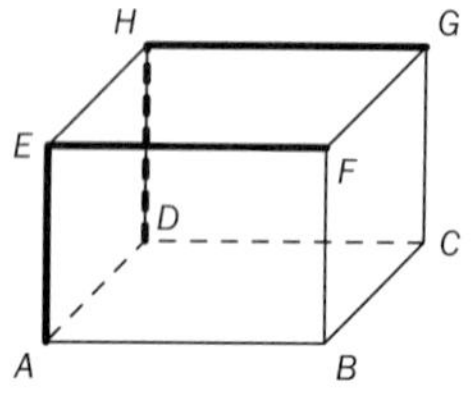

d)

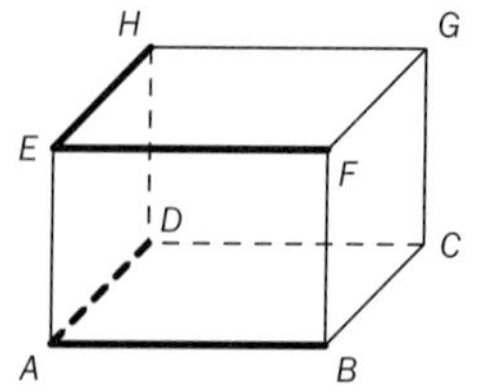

645 a) normal: *ABCD, ADHE, BCGF, EFGH*, parallel: *ABFE*
b) normal: *ABCD, ADHE, BCGF, EFGH*, parallel: *CDHG*
c) normal: *ABCD, ABFE, DCGH, EFGH*, parallel: *BCGF*
d) normal: *ABFE, ADHE, BCGF, DCGH*, parallel: *ABCD*

646 1)

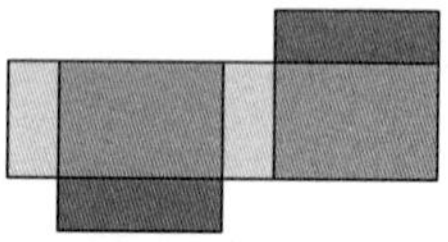

2) z. B.:

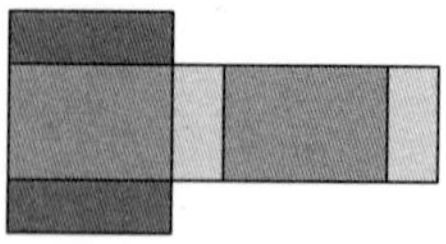

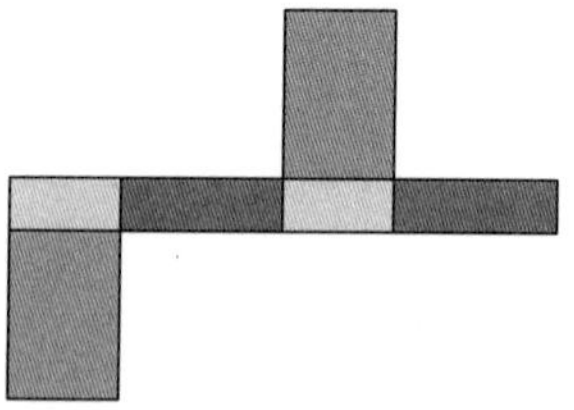

647 z. B.:

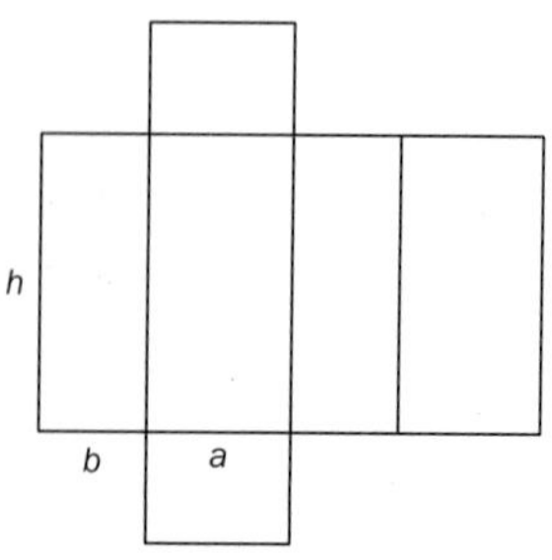

648 a)

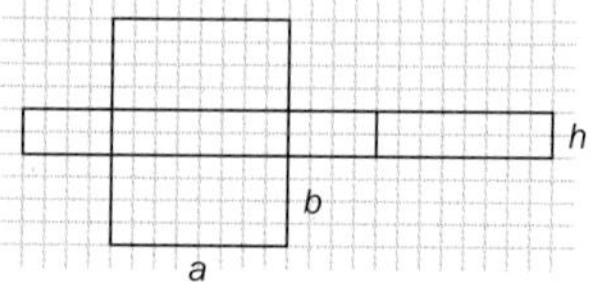

b)

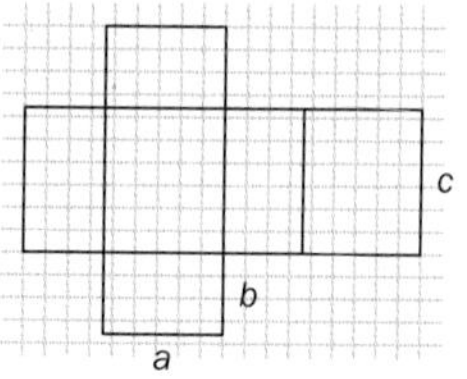

649 a)

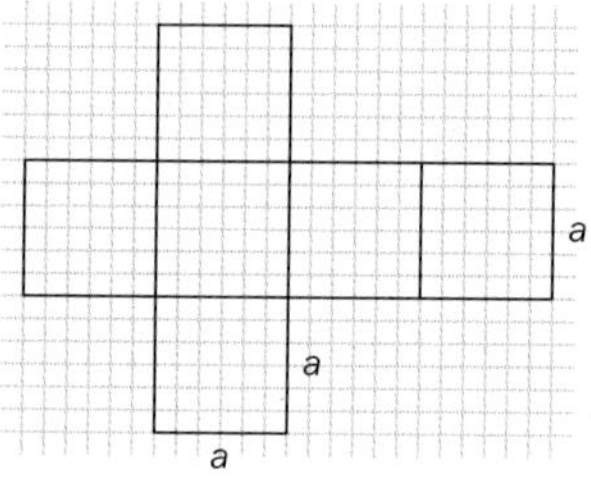

b)

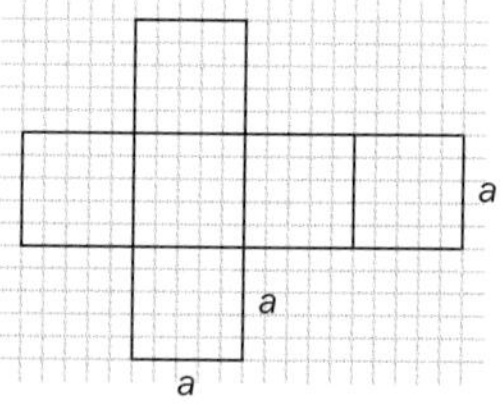

c)

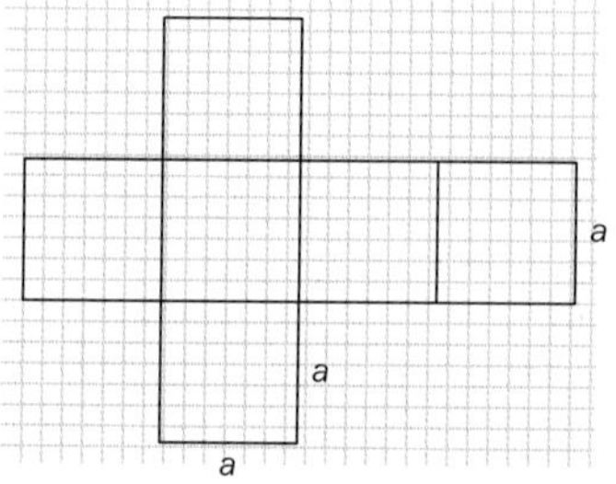

650 z. B.:

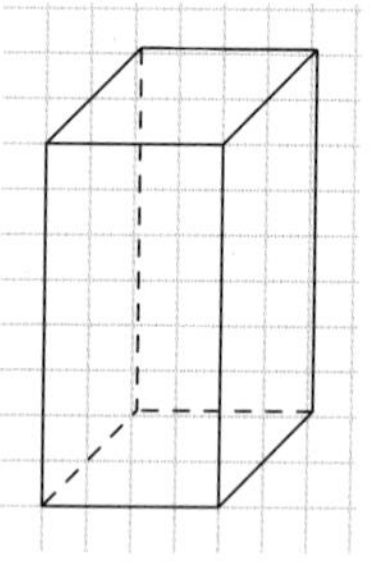

651 z. B.:

a)

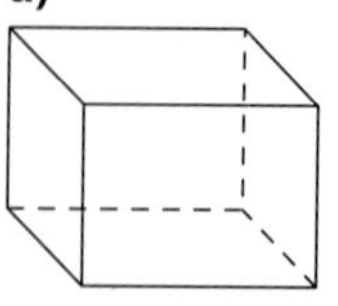

b)

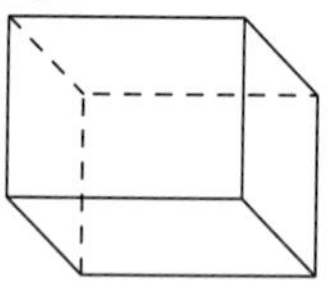

652 a)

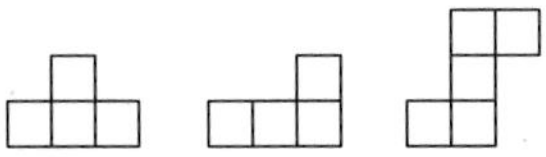

von vorne von rechts von oben

b)

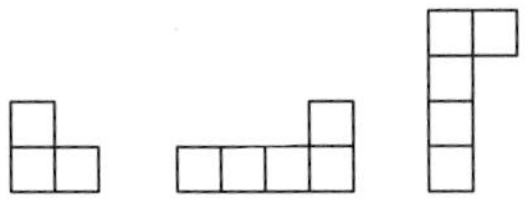

von vorne von rechts von oben

c)

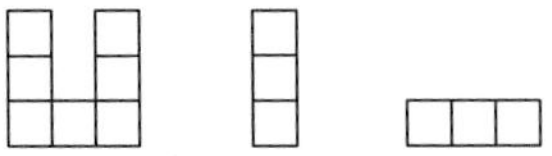

von vorne von rechts von oben

d)

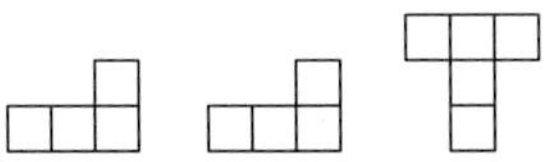

von vorne von rechts von oben

653 a) Die Figur besteht aus 10 kleinen Würfeln, man müsste 54 kleine Würfel hinzufügen, um einen großen Würfel zu erhalten.

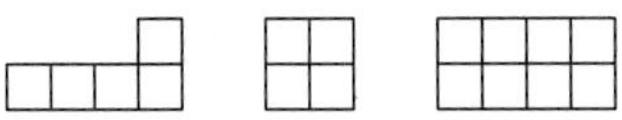

von vorne von rechts von oben

b) Die Figur besteht aus 12 kleinen Würfeln, man müsste 15 kleine Würfel hinzufügen, um einen großen Würfel zu erhalten.

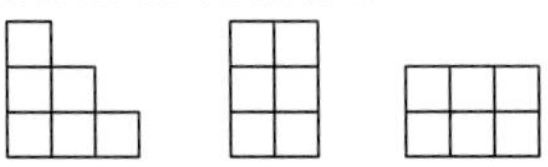

von vorne von rechts von oben

c) Die Figur besteht aus 27 kleinen Würfeln, man müsste 37 kleine Würfel hinzufügen, um einen großen Würfel zu erhalten.

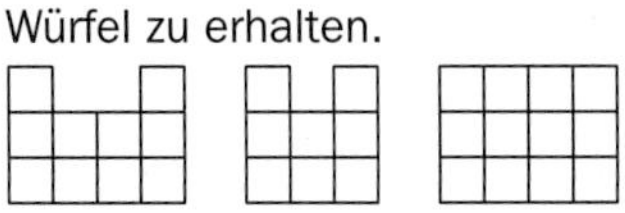

von vorne von rechts von oben

d) Die Figur besteht aus 7 kleinen Würfeln, man müsste 20 kleine Würfel hinzufügen, um einen großen Würfel zu erhalten.

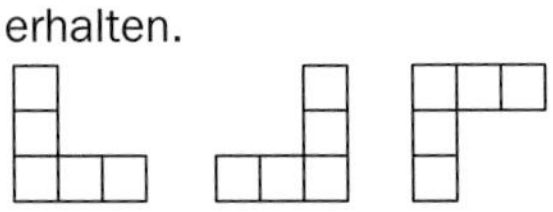

von vorne von rechts von oben

654 a)

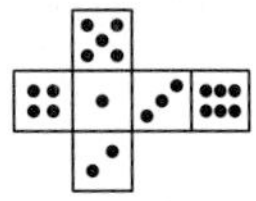

b)

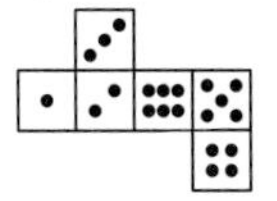

c)

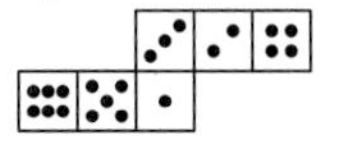

d)

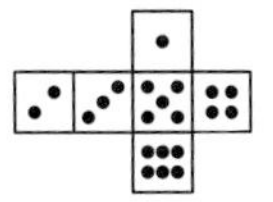

655 a) bis **c)** richtiger Spielwürfel

d) kein richtiger Spielwürfel, da gegenüberliegende Seitenflächen nicht immer 7 ergeben, wie z. B. und

656 normal, windschief, parallel, windschief

657 richtig, richtig, richtig, falsch: Ein Quader hat 12 Kanten; richtig, falsch: Ein Quader hat 8 Eckpunkte; falsch: Je zwei gegenüberliegende Begrenzungsflächen sind gleich groß; richtig

658 Nein, da bei einem Quader im Allgemeinen nicht alle Kanten gleich lang sind.

659 (C) (D) (A) (F)

660 Die Figur ist kein Netz eines Würfels, da sie 7 Seitenflächen hat.

661 a) *DH*, *EH*, *HG*

b) von rechts unten

662–674 Lösungen siehe Schulbuch (Anhang ab S. 217)

6. Umfang, Fläche, Volumen

Seite 121: Die Luftmatratze hat eine Fläche von 2 m^2.
Hinweis: Dein Schätzwert für die Fläche des Schwimmteichs sollte im Bereich 150 m^2 bis 210 m^2 liegen. Also entspricht der Teich den Vorstellungen von Lauras Eltern, da er größer als 150 m^2 ist.
Hinweis: Dein Schätzwert für den Umfang des Teichs sollte im Bereich 60 m bis 80 m liegen. Daher sollten die Kosten für die Steinplatten in etwa zwischen 3 000 € und 4 000 € liegen.

675 Im Buch ausgeführt.

676 Im Buch ausgeführt.

677 Im Buch ausgeführt.

678 l ä n g e n m a ß

679 z. B.: Länge: 120 cm, Breite: 60 cm, Höhe: 70 cm
Hinweis: Die Einheiten dm und m wären hier auch sinnvoll.

680 12 cm; 15 m; 4,5 m; 2,05 m; 0,179 km; 11 mm

681 **a)** 600 cm; 307 cm; 20 cm; 85 cm
b) 105 cm; 730 cm; 40 cm; 624 cm
c) 1,8 cm; 70 cm; 4,3 cm; 0,2 cm

682 **a)** 1,74 m; 0,47 m; 6 700 m; 4,562 m
b) 0,9 m; 3,22 m; 34 000 m; 0,062 m

683 **a)** 4,565 km; 2,6 km; 0,309 km
b) 10,25 km; 4,03 km; 0,045 km

684 **a)** 29 300 cm; 2 045 m; 12,003 m
b) 0,4895 km; 1 040 cm; 62,5 dm

685 **a)** 7 m 2 dm; 1 m 8 dm 4 mm; 30 m 9 dm; 4 m 9 dm 3 cm; 49 m 2 dm; 39 m 2 dm
b) 2 km 148 m; 20 m 5 dm; 104 m 5 dm; 14 m 5 dm; 4 m 8 cm; 1 m 6 dm 2 cm
c) 5 cm 8 mm; 12 m 7 dm 6 cm; 5 km 214 m; 1 m 8 cm 4 mm; 4 cm 7 mm; 4 dm 2 cm 5 mm
d) 2 dm 7 cm 4 mm; 4 km 820 m; 6 dm 3 mm; 7 km 520 m; 1 dm 6 cm 5 mm; 4 dm 5 cm

686 5 mm = 0,5 cm; 23 mm = 2,3 cm;
30 cm = 3 dm = 300 mm; 5 dm = 0,5 m = 50 cm;
6,2 dm = 0,62 m = 62 cm; 1,90 m = 0,0019 km = 19 dm;
2,8 m = 0,0028 km = 28 dm; 68 m = 0,068 km = 680 dm;
325 m = 0,325 km = 3 250 dm

687 **a)** **1)** 16 m **2)** 15,7 m
b) **1)** 19 m **2)** 19,3 m
c) **1)** 90 m **2)** 90,3 m
d) **1)** 108 m **2)** 108,3 m
e) **1)** 155 m **2)** 155,1 m
f) **1)** 0 m **2)** 0 m

688 Im Buch ausgeführt.

689 Im Buch ausgeführt.

690 Im Buch ausgeführt.

691 **a)** $u = 16$ m **b)** $u = 48$ m **c)** $u = 36$ m
d) $u = 80$ m

692 **a)** $u = 168$ mm **b)** $u = 74$ cm
c) $u = 358$ mm **d)** $u = 204$ cm **e)** $u = 88$ mm
f) $u = 18{,}4$ cm

693 $u = 32$ cm

694 Der Umfang ist 274 m.

695 Er benötigt 2,3 m Holzleiste.

696 **1)** Er benötigt dafür 6,96 m.
2) 12 Rahmen kosten 26,60 € (für 7 m).

697 Die Regenrinne kostet 840 €.

698 Es werden 16,4 m benötigt.

699 *Hinweis:* Lösungsweg wie in der Aufgabe **698**.

700 **a)** $u = 115$ m **b)** $u = 24{,}4$ cm
c) $u = 124$ cm

701 Im Buch ausgeführt.

702 Im Buch ausgeführt.

703 n a s h o r n

704 Tischtennisplatte: m^2, dm^2;
Badesee: km^2, ha, a;
Nationalpark: km^2, ha;
Briefmarke: cm^2, mm^2;
Fensterfläche: m^2, dm^2;
Bundesland: km^2;
USB-Stick: cm^2, mm^2;
Tischplatte: m^2, dm^2;
Klassenzimmer: m^2

705 a) Man benötigt 100 Quadratzentimeter.

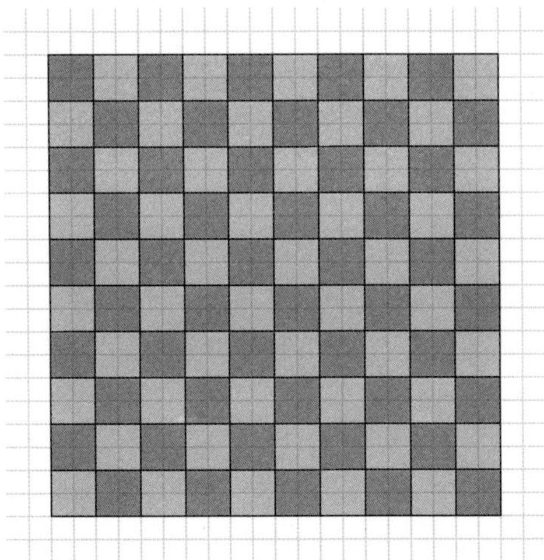

b) Ja, es wird ganz gefüllt sein, da $1\,m^2 = 100\,dm^2$ ist.

706 a) $4{,}8\,m^2$; $23{,}18\,m^2$; $240\,m^2$; $12\,900\,m^2$
b) $31{,}56\,m^2$; $0{,}0783\,m^2$; $340\,m^2$; $8\,000\,m^2$
c) $0{,}0548\,m^2$; $0{,}52\,m^2$; $1\,570\,m^2$; $23\,000\,m^2$

707 a) $12\,a\ 40\,m^2$; $2\,dm^2\ 32\,cm^2\ 40\,mm^2$; 48 ha 70 a
b) $20\,ha\ 7\,a\ 60\,m^2$; 27 ha 60 a; $124\,km^2\ 50\,ha$
c) $34\,m^2\ 29\,dm^2$; $81\,a\ 30\,m^2$; $23\,cm^2\ 70\,mm^2$
d) $1\,km^2\ 23\,ha\ 40\,a$; $83\,m^2\ 20\,dm^2\ 20\,cm^2$; $3\,cm^2\ 40\,mm^2$

708 a) 4,31 a; 2,004 ha; $0{,}843\,m^2$
b) 8,143 a; 1 004 ha; $8{,}54\,dm^2$
c) $340\,mm^2$; $4{,}87\,m^2$; $10\,800\,m^2$

709 $207\,mm^2 = 2{,}07\,cm^2$;
$55\,cm^2 = 5\,500\,mm^2 = 0{,}55\,dm^2$;
$6{,}24\,dm^2 = 624\,cm^2 = 0{,}0624\,m^2$;
$44\,dm^2 = 4\,400\,cm^2 = 0{,}44\,m^2$;
$1{,}62\,a = 162\,m^2 = 0{,}0162\,ha$;
$320\,km^2 = 32\,000\,ha$;
$83\,878\,km^2 = 8\,387\,800\,ha$

710 a) $305\,cm^2 = 3{,}05\,dm^2$; $5\,050\,m^2 = 50{,}5\,a$; $226\,dm^2 = 2{,}26\,m^2$; $517\,dm^2 = 5{,}17\,m^2$
b) $370\,m^2 = 3{,}7\,a$; $1\,714\,dm^2 = 17{,}14\,m^2$; $108\,ha = 1{,}08\,km^2$; $475\,dm^2 = 4{,}75\,m^2$
c) $5\,607\,a = 56{,}07\,ha$; $310\,m^2 = 3{,}1\,a$; $120\,300\,m^2 = 12{,}03\,ha$; $280\,m^2 = 2{,}8\,a$

711 a) 1) $7\,dm^2$ **2)** $7{,}32\,dm^2$
b) 1) $87\,dm^2$ **2)** $87{,}34\,dm^2$
c) 1) $6\,dm^2$ **2)** $6{,}44\,dm^2$
d) 1) $10\,dm^2$ **2)** $9{,}99\,dm^2$
e) 1) $1\,dm^2$ **2)** $0{,}83\,dm^2$
f) 1) $0\,dm^2$ **2)** $0{,}05\,dm^2$

712 Im Buch ausgeführt.

713 Im Buch ausgeführt.

714 Im Buch ausgeführt.

715 a) $A = 47\,cm^2$ **b)** $A = 58\,cm^2$
c) $A = 60\,cm^2$ **d)** $A = 39\,cm^2$

716 a) $A = 24\,cm^2$ **b)** $A = 510\,cm^2$
c) $A = 260\,dm^2$ **d)** $A = 0{,}5\,m^2$ **e)** $A = 306\,dm^2$
f) $A = 123{,}6\,dm^2$

717 a) $A = 256\,cm^2$ **b)** $A = 484\,cm^2$
c) $A = 5{,}76\,m^2$ **d)** $A = 27{,}04\,m^2$
e) $A = 19{,}36\,m^2$ **f)** $A = 182{,}25\,dm^2$

718 $A = 705{,}6\,m^2$

719 $A = 81{,}74\,m^2$

720 1) Er muss noch für $87{,}5\,m^2$ Grassamen nachkaufen.
2) Der Grassamen kostet 184,80 € (für $88\,m^2$).

721 1) $A = 9{,}4\,m^2$;
Berechnungsmöglichkeiten z. B.:

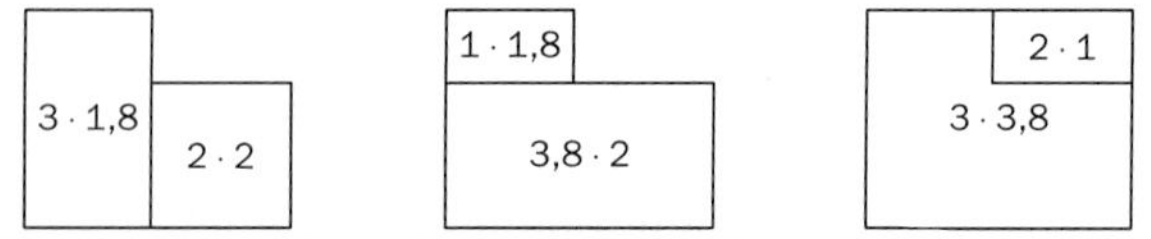

$3 \cdot 1{,}8 + 2 \cdot 2 = 9{,}4$ $1 \cdot 1{,}8 + 3{,}8 \cdot 2 = 9{,}4$ $3 \cdot 3{,}8 - 2 \cdot 1 = 9{,}4$

2) Sie muss 385 € bezahlen (für 10 m²).

722 **a)** 587,5 m² **b)** 25,5 cm² **c)** 756 cm²

723 Im Buch ausgeführt.

724 Im Buch ausgeführt.

725 **a)** $M = 96{,}48\,\text{dm}^2$ $O = 116{,}28\,\text{dm}^2$
b) $M = 24\,750\,\text{cm}^2$ $O = 35\,550\,\text{cm}^2$
c) $M = 56{,}64\,\text{m}^2$ $O = 168{,}64\,\text{m}^2$
d) $M = 46{,}55\,\text{m}^2$ $O = 66{,}95\,\text{m}^2$

726 **a)** Die Oberfläche ergibt sich aus den beiden Grundflächen (je $a \cdot b$), den Flächen vorne und hinten (je $a \cdot h$) und den beiden Seitenflächen rechts und links (je $b \cdot h$). Da alle Flächen doppelt vorkommen, ergibt sich $O = 2 \cdot a \cdot b + 2 \cdot a \cdot h + 2 \cdot b \cdot h$.

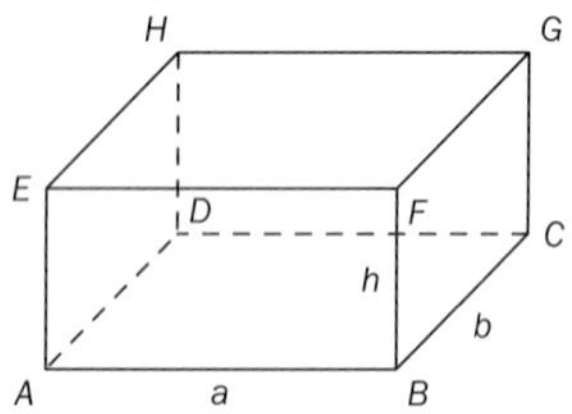

b) Der Umfang u_G der Grundfläche ist $2 \cdot a + 2 \cdot b$, also $M = (2 \cdot a + 2 \cdot b) \cdot h$.

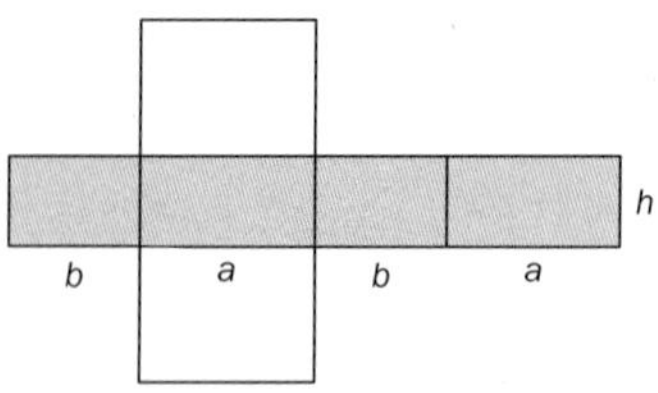

c) Das Netz eines Würfels besteht aus 6 Quadraten. Jedes dieser Quadrate hat den Flächeninhalt $a \cdot a$. Somit gilt $O = 6 \cdot a \cdot a$.

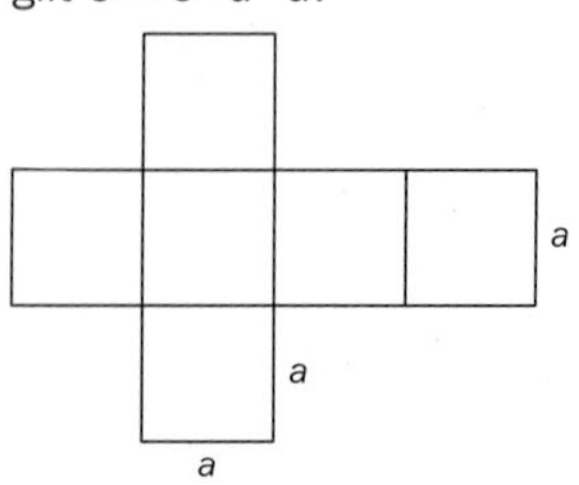

727 **a)** $O = 8{,}64\,\text{dm}^2$ **b)** $O = 9{,}0774\,\text{m}^2$
c) $O = 25\,350\,\text{cm}^2$ **d)** $O = 433{,}5\,\text{m}^2$

728 **a)** $O = 34\,\text{cm}^2$ **b)** $O = 36\,\text{cm}^2$
c) $O = 64\,\text{cm}^2$ **d)** $O = 30\,\text{cm}^2$

729 **a)** $O = 2 \cdot f \cdot r + 2 \cdot c \cdot r + 2 \cdot f \cdot c$ **b)** $O = 2 \cdot v \cdot s + 2 \cdot v \cdot t + 2 \cdot s \cdot t$

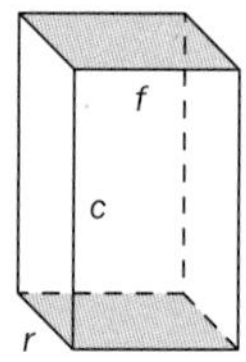

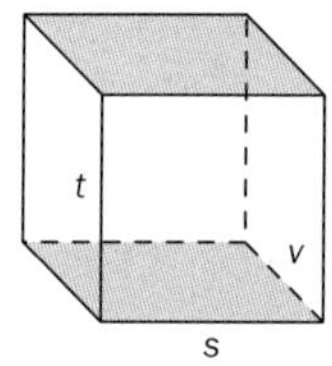

c) $O = 2 \cdot d \cdot w + 2 \cdot g \cdot w + 2 \cdot d \cdot g$ **d)** $O = 2 \cdot f \cdot r + 2 \cdot k \cdot r + 2 \cdot k \cdot f$

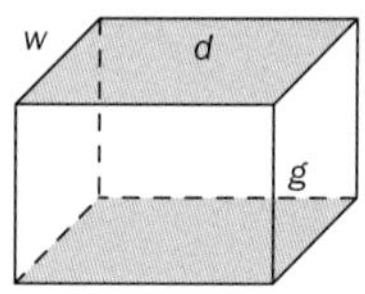

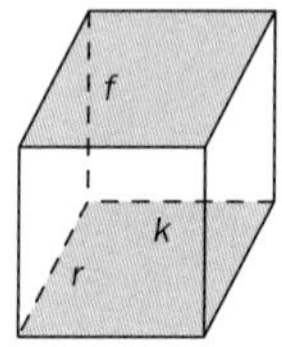

730 Das Ausmalen dieses Zimmers kostet 143 €.

731 Man benötigt 78 m² (77,76 m²) Papier.

732 **a)** $A = 231{,}28\,\text{m}^2$
b) Der Anstrich kostet 6 475,84 €.

733 z. B.: 180 cm² (Abmessungen: 12 cm, 6 cm, 1 cm)

734 Im Buch ausgeführt.

735 Im Buch ausgeführt.

736 Im Buch ausgeführt.

737 **a)** 34 dm³ **b)** 7,5 cm³ **c)** 150,4 m³
d) 34,5 dm³ **e)** 5,2 dm³ **f)** 63,23 cm³

738 **a)** 456 dm³ **b)** 1 581 mm³ **c)** 80 cm³
d) 1 270 dm³ **e)** 30 100 cm³ **f)** 2 mm³

739 **a)** 3 dm³ 500 cm³ **b)** 8 m³ 700 dm³
c) 18 m³ 5 dm³ **d)** 10 m³ 500 cm³
e) 1 dm³ 520 cm³ **f)** 12 m³ 340 dm³
g) 726 cm³ 100 mm³ **h)** 1 cm³ 260 mm³

740 **a)** 650 l; 3 000 ml; 3,281 l; 0,34 hl
b) 4 030 ml; 302 l; 0,098 l; 0,193 hl

741 **a)** 3,2 l **b)** 0,4 l **c)** 5 000 l **d)** 2 300 l
e) 30 l **f)** 8,4 l **g)** 0,23 l **h)** 50 000 l

742 1 ml = 0,001 l = 0,001 dm^3 = 1 cm^3

743 **a)** 3 000 l = 30 hl; 350 000 l = 3 500 hl;
1 050 l = 10,5 hl; 850 l = 8,5 hl; 32 l = 0,32 hl
b) 0,045 l = 45 ml; 0,2 l = 200 ml;
1,055 l = 1 055 ml; 4,7 l = 4 700 ml;
20,05 l = 20 050 ml

744 z.B.:

Produkt	Hohlmaß	Raummaß
Joghurt	250 ml	250 cm^3
Sojasoße	150 ml	150 cm^3
Olivenöl	750 ml	750 cm^3
Haferdrink	1 l	1 dm^3
Mandeldrink	0,75 l	750 cm^3

745 3 kg; 700 kg; 80 dag; 58 g

746 **a)** 3,56 kg; 8,675 kg; 5 008 kg
b) 12,23 kg; 4 080 kg; 0,34 kg
c) 0,86 kg; 0,8 kg; 8,3 kg
d) 1,48 kg; 2,4 kg; 1,4 kg

747 **a)** 5 kg 78 dag 2 g; 3 kg 60 dag; 3 t 800 kg
b) 1 kg 20 dag; 60 dag 5 g; 1 t 366 kg
c) 23 dag 4 g; 1 kg 50 dag; 76 dag 2 g
d) 8 t 700 kg; 1 t 630 kg; 9 t 450 kg

748 **a)** 3,97 kg **b)** 2,3 t **c)** 39,5 dag
d) 4,24 t

749 Im Buch ausgeführt.

750 Im Buch ausgeführt.

751 Im Buch ausgeführt.

752 **a)** $V = 128\,1\,cm^3$ **b)** $V = 810\,m^3$
c) $V = 124{,}8\,cm^3$ **d)** $V = 43{,}46\,dm^3$

753 **a)** Auf den Boden des Quaders passen $a \cdot b$ Würfel. Insgesamt passen h solche Würfelschichten hinein, also gilt $V = a \cdot b \cdot h$.

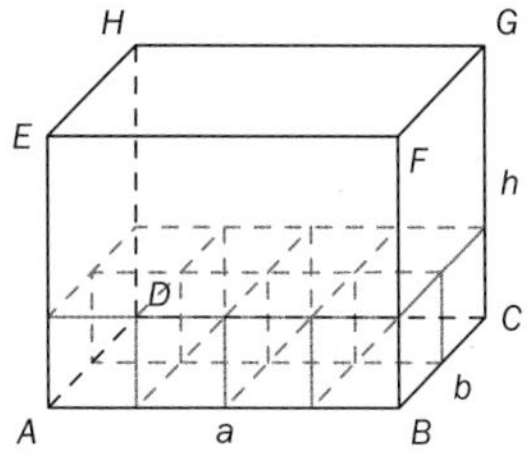

b) Da ein Würfel ein Quader mit $a = b = h$ ist, gilt nach **a)**, dass $V = a \cdot a \cdot a$.

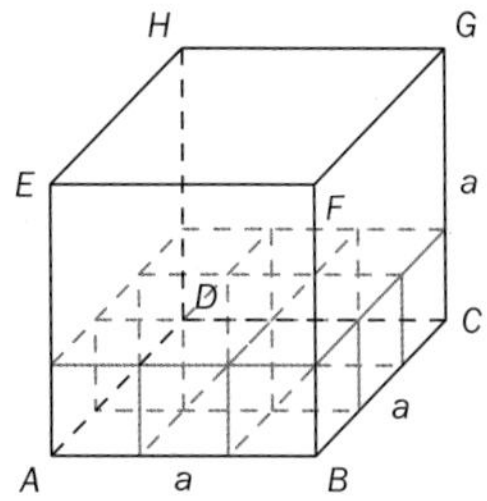

754 **a)** $V = 1{,}728\,dm^3$ **b)** $V = 1{,}860867\,m^3$
c) $V = 274\,625\,cm^3$ **d)** $V = 614{,}125\,m^3$

755 **a)** $V = 10\,cm^3$ **b)** $V = 12\,cm^3$
c) $V = 27\,cm^3$ **d)** $V = 7\,cm^3$

756 **a)** $V = c \cdot f \cdot r$ **b)** $V = s \cdot t \cdot v$
c) $V = d \cdot g \cdot w$ **d)** $V = f \cdot k \cdot r$

757 Das volle Becken enthält 1 512 hl.

758 Das Pool enthält 418,47 hl.

759 Der Balken wiegt 31,4496 kg.

760 **1)** Der Sand hat ein Volumen von 124,2 m^3 und wiegt 173 880 kg.
2) Es waren 0,686 m^3 Beton dafür notwendig.

761 **1)** Für die Mauer werden 1,323 m^3 Steine benötigt.
2) Die Steine haben eine Masse von rund 2,25 t.

762 **1)** Es sind 51,84 hl Öl im Behälter.
2) Das Altöl hat eine Masse von rund 4,67 t.

763 **a)** 3,4 dm; 871 cm; 29,881 km
b) 830 m; 8,42 dm; 0,023 km

c) 6,04 km; 348 dm; 160,05 m
d) 87,04 m; 25 003 m; 703 mm

764 **a)** 760 m 5 dm; 800 m 5 dm 6 cm;
2 km 206 m
b) 12 km 800 m; 67 m 5 cm; 10 dm 5 cm 3 mm
c) 72 m 9 dm; 7 m 9 dm; 36 m 7 cm
d) 87 m 2 cm; 4 m 5 dm 7 mm; 3 km 709 m

765 4,7 dm = 47 cm = 0,47 m;
3,5 m = 35 dm = 0,0035 km;
12 cm = 120 mm = 1,2 dm;
33,5 m = 335 dm = 0,0335 km;
1,3 cm = 13 mm = 0,13 dm

766 **a)** $u = 47$ m 8 dm **b)** $u = 26$ m 6 dm
c) $u = 83$ m **d)** $u = 400$ m

767 Die Borte kostet 34,30 €.

768 Der Zaun hat eine Länge von 106 m.

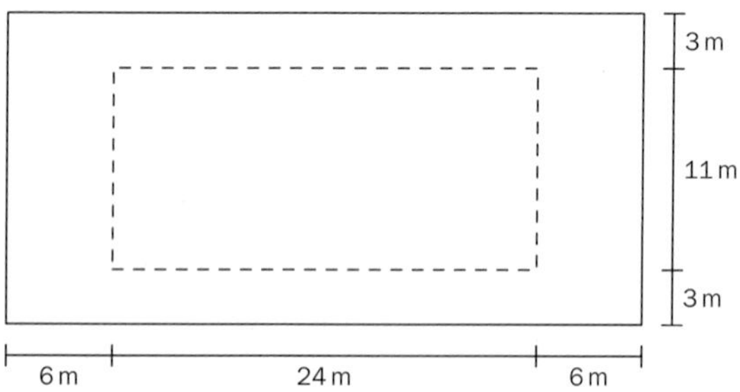

769 Die Werbewand hat eine Länge von 386 m.

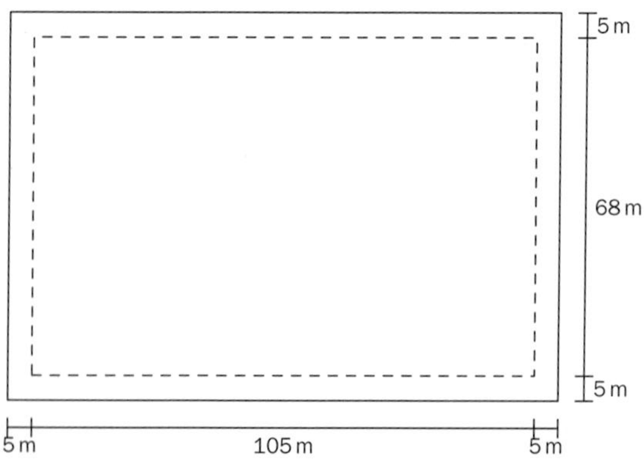

770 $A = 2 \cdot z \cdot (x + 2 \cdot z) + 2 \cdot y \cdot z$

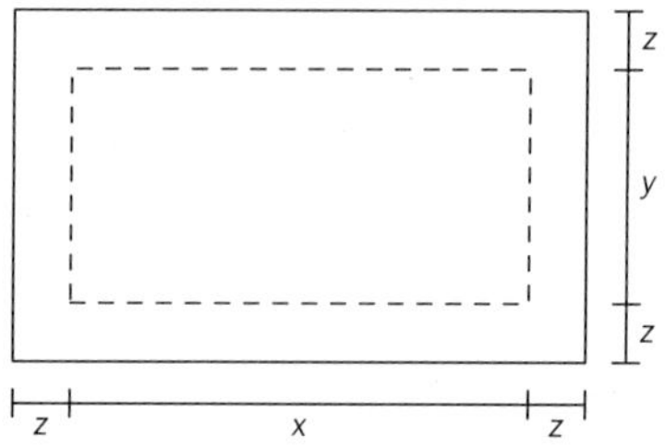

771 **a)** 5,61 dm^2; 84,3 cm^2; 270 dm^2
b) 7 600 cm^2; 4 cm^2; 3 000 cm^2
c) 3,4 a; 0,95 ha; 380 ha

772 **a)** 9 m^2 83 dm^2 20 cm^2;
32 dm^2 98 cm^2 32 mm^2; 8 ha 38 a 10 m^2
b) 23 m^2 74 dm^2 50 cm^2; 6 dm^2 92 cm^2;
8 m^2 1 dm^2 10 cm^2
c) 12 dm^2 37 cm^2 80 mm^2; 8 m^2 40 dm^2 53 cm^2;
9 m^2 81 dm^2
d) 87 m^2 2 dm^2; 9 dm^2 12 cm^2 50 mm^2;
4 m^2 30 dm^2 12 cm^2 10 mm^2

773 **a)** **1)** $A = 27$ m^2 60 dm^2 **2)** $A = 28$ m^2
3) $A = 27$ m^2 56 dm^2
Das Rechteck **(2)** hat den größten Flächeninhalt.
b) **1)** $A = 30$ cm^2 **2)** $A = 30$ cm^2
3) $A = 30$ cm^2 10 mm^2
Das Rechteck **(3)** hat den größten Flächeninhalt.

774 $A = 62\,370$ mm^2

775 **a)** Es werden 159,8 m^2 ausgemalt.
b) Das Ausmalen kostet 2 000 € (für 160 m^2).

776 Er muss für etwa 3 m^2 Farbe nachkaufen (die Zimmerwand ist 8,832 m^2 $\approx$ 9 m^2 groß).

777 **a)** **1)** $A = 712,5$ m^2;
Das Grundstück kostet 29 925 €.
2) $u = 121$ m;
Die Umzäunung kostet 2 662 €.

b) 1) $A = 3\,420\,m^2$;
Das Grundstück kostet 143 640 €.
2) $u = 276\,m$;
Die Umzäunung kostet 6 072 €.

778 *Hinweis:* Deine Schätzung für die Länge sollte im Bereich von 4,1 km bis 4,2 km liegen, die für die Breite im Bereich 0,8 km bis 0,9 km.
a) *Hinweis:* Dein Wert sollte im Bereich von 9,8 km bis 10,2 km liegen.
b) *Hinweis:* Dein Wert sollte im Bereich von $3{,}3\,km^2$ bis $3{,}8\,km^2$ liegen.
c) *genauer Wert:* Straßen: 9,9 km; Fläche: $3{,}4\,km^2$

779 a) $x = r + c$; $y = a + f$;
$u = 2 \cdot r + 2 \cdot c + 2 \cdot a + 2 \cdot f$;
$A = a \cdot r + f \cdot (r + c)$
b) $x = j - i$; $y = h + k$;
$u = 2 \cdot j + 2 \cdot (h + k)$;
$A = j \cdot k + (j - i) \cdot h$
c) $x = v - r$; $y = h - d$;
$u = 2 \cdot v + 2 \cdot h$;
$A = v \cdot d + r \cdot (h - d)$
d) $x = b + d$; $y = e - c$;
$u = 2 \cdot e + 2 \cdot b$;
$A = e \cdot d + (b - d) \cdot c$

780 a) Die Strecke *BM* ist die Hälfte der Diagonalen *BD*. Die Strecke *AM* ist die Hälfte der Diagonalen *AC*. Daher sind diese beiden Seiten gleich lang, und weil in einem Quadrat die Diagonalen normal aufeinander stehen, stehen auch die Strecken *AM* und *MB* aufeinander normal. Da die in *B* konstruierte Strecke parallel zur Diagonalen *AC* ist und die in *A* konstruierte Strecke parallel zur strichlierten Linie ist, besteht die ganze rote Figur aus 2 Quadraten.
b) Die Flächeninhalte sind gleich groß, da der gelb markierte Flächeninhalt in der Figur *ABM* genau die Hälfte des Flächeninhalts des linken Quadrats ausmacht. Damit ist der Flächeninhalt der ganzen roten Figur genau gleich groß wie das doppelte des gelben Bereichs *ABC* in der roten Figur und dies ist auch gleich dem Flächeninhalt des gelben Quadrats.

781 Die Strecke *AB* ist die Diagonale des linken roten Rechtecks. Der gelb markierte Bereich in diesem Rechteck ist daher genau die Hälfte des Flächeninhalts des linken roten Rechtecks. Ebenso ist die Strecke *BC* die Diagonale des rechten roten Rechtecks und damit ist der gelb markierte Bereich in diesem rechten Rechteck ebenfalls die Hälfte des rechten roten Rechtecks. Damit ist der Flächeninhalt der ganzen roten Figur genau gleich groß wie das doppelte des gelben Dreiecks *ABC* und dies ist auch gleich dem Flächeninhalt des gelben Rechtecks.

782 a) ca. $114\,cm^2$
b) individuelle Lösungen

783 a) Grundstück A ca. $1000\,m^2$ (ca. 40 Kästchen);
Grundstück B ca. $925\,m^2$ (ca. 37 Kästchen);
Grundstück C ca. $1\,150\,m^2$
(ca. 46 Kästchen)
b) Grundstück A ca. 450 000 €;
Grundstück B ca. 416 250 €;
Grundstück C ca. 517 500 €

784 a) erster Kreis ca. $21\,cm^2$; zweiter Kreis ca. $21{,}5\,cm^2$; dritter Kreis ca. $21{,}5\,cm^2$
b) Mit dem feineren Raster kann man die Fläche am besten abschätzen.
c) Bei den größeren Rastern kann man die Fläche schneller abschätzen, dafür geht es mit feineren Rastern genauer.

785 a) $O = 32{,}88\,m^2$ **b)** $O = 16\,224\,dm^2$
c) $O = 1\,510{,}32\,cm^2$ **d)** $O = 62{,}2104\,m^2$

786 $A = 302{,}4\,m^2$

787 1) Die Bodenfläche beträgt $8{,}32\,m^2$.
2) Die Wandfläche, die verfliest werden soll, beträgt $25{,}52\,m^2$.
3) Die Gesamtkosten belaufen sich auf 961,73 €.

788 a) $6{,}435\,dm^3$; $37{,}6\,cm^3$; $2\,983{,}1\,dm^3$
b) $830\,dm^3$; $2{,}351\,cm^3$; $4\,600\,cm^3$
c) 78 000 l; 8 700 ml; 6,78 hl
d) 0,045 l; 2 l; 230 ml

789 a) 8,3 l; 0,02 l; 760 l; 8,2 l
b) 350 l; 1 000 l; 0,8 l; 0,075 l
c) $5{,}8\,dm^3$; $76\,000\,cm^3$; $800\,dm^3$; $600\,m^3$

790 a) In einer Stunde atmet ein Mensch $0{,}51\,m^3$ ein und aus.
b) An einem Tag atmet ein Mensch $12{,}24\,m^3$ ein und aus.

c) In einem Jahr atmet ein Mensch 4 467,6 m^3 ein und aus.

791 **a)** $V = 154\,224\ mm^3$ **b)** $V = 216\ m^3$
c) $V = 14{,}7384\ m^3$ **d)** $V = 20{,}346417\ dm^3$

792 Es wurden 144 m^3 Wasser abgepumpt.

793 **1)** Die Wassermenge beträgt 95,76 m^3.
2) Die Befüllung kostet 162,80 € (162,792 €).

794 Es sind 360 hl Wasser im Becken.

795 Es sind 360 hl Wasser im Becken.

796 $8\,000\ g < 840\ dag < 11{,}2\ kg < 0{,}089\ t < < 98\,000\ g$

797 Fahrzeug A darf die Brücke überqueren, da es ein Gesamtgewicht von 3,415 t hat und damit weniger als 3,5 t. Fahrzeug B darf die Brücke nicht überqueren, da es mit 3,552 t zu schwer dafür ist.

798 z. B.: $l = 14\ cm$; $b = 4{,}5\ cm$; $h = 22\ cm$; $V = 1\,386\ cm^3$; gemessen: $V = 1\,200\ cm^3$
Das gemessene Volumen des Müslis ist geringer als das der Verpackung, da die Packung nie ganz voll ist.

799 **a)** Nein, jedem Kind würden nur 2,41 m^2 zur Verfügung stehen: $7{,}8\ m \cdot 6{,}5\ m = 50{,}7\ m^2$ und $50{,}7\ m^2 : 21 \approx 2{,}41\ m^2$
b) Die Renovierung kostet 2 205,45 €.
c) Die Luft hat eine Masse von 194,688 kg.
d) Die Kosten betragen 559,13 €.

800 **1)**

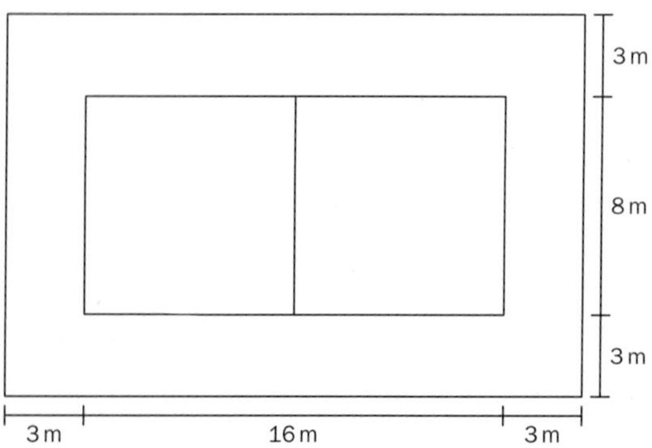

2) 48 m **3)** 308 m^2
4) Es sind 123,2 m^3 Sand nötig.
5) Der Sand hat eine Masse von 190 960 kg.

801 **1)** $u = 10\ cm$ **2)** $u = 20\ cm$
3) Der Umfang wird doppelt so groß.
4) Der Umfang wird verdreifacht, vervierfacht oder ver-n-facht.

802 **1)** 1,5; 6; 13,5; 24; 54
2) Werden die Seitenlängen verdoppelt, wird der Flächeninhalt vervierfacht (2 · 2), werden sie verdreifacht, wird der Flächeninhalt verneunfacht (3 · 3).

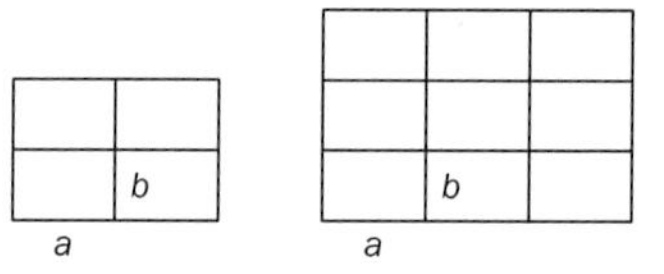

3) Der Flächeninhalt wird ver-($n \cdot n$)-facht.

803 **1)** Das Volumen wird ver-8-facht (2 · 2 · 2).
2)

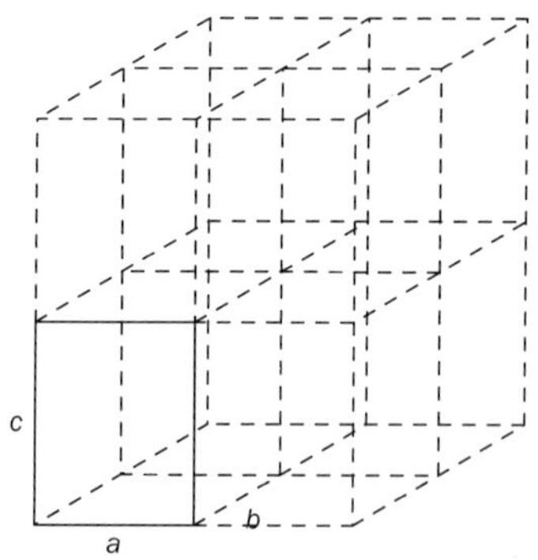

3) Das Volumen wird ver-27-facht (3 · 3 · 3).

804 85 cm^2 (erstes Quadrat: 64 cm^2; zweites Quadrat: 16 cm^2; drittes Quadrat: 4 cm^2; viertes Quadrat: 1 cm^2)

805 Der Flächeninhalt ist sicher größer als 85 cm^2, da die ersten vier Quadrate schon zusammen 85 cm^2 ergeben (64 + 16 + 4 + 1 = 85) und er ist sicher kleiner als 86 cm^2, da alle weiteren Quadrate sicher in einem Quadrat der Größe 1 cm^2 Platz haben werden.

806 $u = 46\ cm$

807 Mika hat das Komma nach rechts statt nach links verschoben; richtig: 34,9 dm = 3,49 m

808 hl, l, ml

809

t — 1 000 — kg — 100 — dag — 10 — g

km^2 — 100 — ha — 100 — a — 100 — m^2 — 100 — dm^2 — 100 — cm^2 — 100 — mm^2

m^3 — 1 000 — dm^3 — 1 000 — cm^3 — 1 000 — mm^3

km — 1 000 — m — 10 — dm — 10 — cm — 10 — mm

hl — 100 — l — 1 000 — ml

810 Der Ausdruck $(a+b)$ für die Länge a und die Breite b zusammen, ergibt den halben Umfang. Das Doppelte dieser Summe, also $2 \cdot (a+b)$, ist dann der ganze Umfang u.

811 richtig, falsch, falsch, richtig

812 Die Oberfläche eines Quaders ist der Flächeninhalt seines Netzes. Der Mantel ist nur ein Teil davon und zwar nur der Flächeninhalt der vier Seitenflächen, also ohne der Grund- und Deckfläche. Das Volumen eines Quaders ist der Rauminhalt. Das Volumen wird z. B. in m^3 angegeben, während die Oberfläche und der Mantel in z. B. m^2 angegeben werden.

813 Beide Rechnungen stimmen, da es bei einem Quader immer je zwei deckungsgleiche Flächen gibt. Susi fasst diese jeweils zusammen, während Kurt zuerst alle drei unterschiedlichen Flächen berechnet und diese dann mit 2 multipliziert.

814 Das Volumen eines Würfels mit der Seitenlänge a ist $V = a \cdot a \cdot a$. Das Volumen eines Würfels mit doppelter Seitenlänge ist $2 \cdot a \cdot 2 \cdot a \cdot 2 \cdot a = 2 \cdot 2 \cdot 2 \cdot a \cdot a \cdot a = 8 \cdot a \cdot a \cdot a$, also das 8-fache des ursprünglichen Würfels.

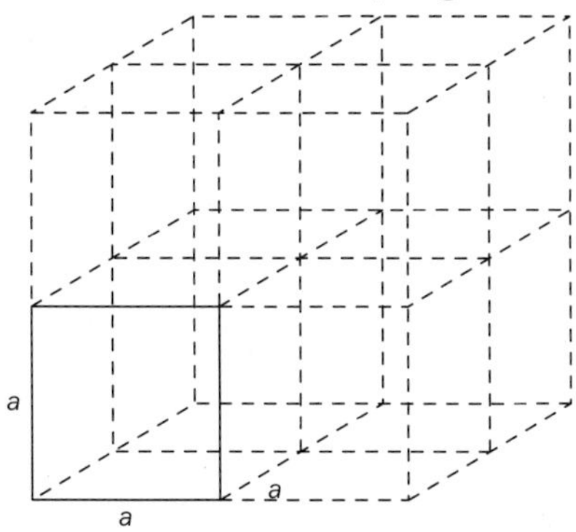

815 *Rechteck:* $A = a \cdot b$; $u = 2 \cdot a + 2 \cdot b = 2 \cdot (a + b)$

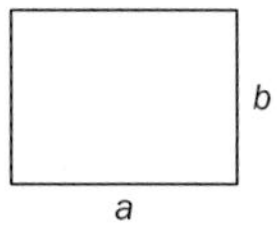

Quadrat: $A = a \cdot a$; $u = 4 \cdot a$

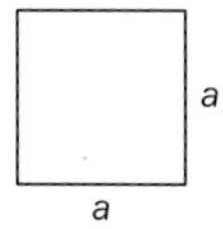

Quader: $V = a \cdot b \cdot h$; $O = 2 \cdot a \cdot b + 2 \cdot a \cdot h + 2 \cdot b \cdot h$

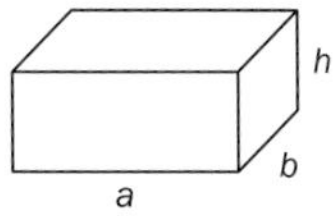

Würfel: $V = a \cdot a \cdot a$; $O = 6 \cdot a \cdot a$

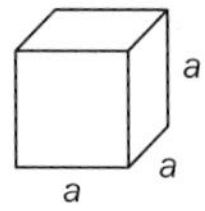

816–832 Lösungen siehe Schulbuch (Anhang ab S. 217)

Thema: Maßeinheiten

T1 Nein, die Längen sind unterschiedlich.

T2 Im Buch ausgeführt.

T3 110 m = 141,75 Tuchellen;
75 m = 96,65 Tuchellen

T4 z. B.: Elle: 46 cm,
Körpergröße: 164 cm = 3,57 Ellen

T5 Die Ringstraße ist 57,42 m breit.

T6 Der Durchmesser ist ungefähr 5,02 m.

T7 z. B.: Großbritannien, Hongkong, …

T8 Ein Fuß ist dann 30,48 cm lang;
tatsächliche Länge z. B.: 24 cm.

T9 Das sind 266,84 Yards.

T10 Der Fahrradreifen hat einen Durchmesser von 40,64 cm.

T11
in Tuchellen: 175,26; 417,53; 123,71; 1 067,01;
in Yards: 148,73; 354,33; 104,99; 905,51

T12 z. B.: 1 Finger = 18 mm

T13 —

7. Dividieren

Seite 147: 56 : 7 = 8; 81 : 9 = 9; 130 : 10 = 13; 91 : 7 = 13; 162 : 3 = 54; 468 : 6 = 78; 45 : 5 = 9; 88 : 4 = 22; 261 : 3 = 87; 256 : 8 = 32; 64 : 2 = 32; 635 : 5 = 127; 99 : 3 = 33; 32 : 4 = 8; 504 : 4 = 126; 126 : 3 = 42; 90 : 10 = 9; 123 : 3 = 41; 90 : 2 = 45; 75 : 5 = 15; 200 : 8 = 25; 282 : 6 = 47; 161 : 7 = 23; 68 : 4 = 17

833 Im Buch ausgeführt.

834 Im Buch ausgeführt.

835 Im Buch ausgeführt.

836 **a)** 45 – 3 – 3 – 3 – 3 – 3 – 3 – 3 – 3 – 3 – 3 – – 3 – 3 – 3 – 3 – 3 = 0
b) 600 – 150 – 150 – 150 – 150 = 0
c) 22 222 – 11 111 – 11 111 = 0

837 **a)** 36 : 6 = 6 **b)** 70 : 14 = 5
c) 120 : 12 = 10

838 **a)** 12-mal; 96 : 8 = 12
b) 7-mal; 84 : 12 = 7
c) 5-mal; 75 : 15 = 5
d) 15-mal; 135 : 9 = 15

839 **a)** 8 **b)** 9 **c)** 19 **d)** 8
e) 9 und 2 Rest **f)** 4 und 4 Rest
g) 11 und 1 Rest **h)** 12 und 2 Rest

840 **a)** **1)** 32 **2)** 16 **3)** 12
b) **1)** 56 **2)** 28 **3)** 21
c) **1)** 152 **2)** 76 **3)** 57
d) **1)** 208 **2)** 104 **3)** 78
e) **1)** 488 **2)** 244 **3)** 183
f) **1)** 744 **2)** 372 **3)** 279
g) **1)** 696 **2)** 348 **3)** 261
h) **1)** 880 **2)** 440 **3)** 330

841 **a)** 18 und 1 Rest **b)** 4 und 4 Rest
c) 62 und 4 Rest **d)** 409 und 1 Rest
e) 50 und 6 Rest **f)** 181 und 3 Rest
g) 176 und 4 Rest **h)** 261 und 6 Rest

842 **a)** 4,3 **b)** 5,7 **c)** 36,8 **d)** 2,6
e) 7,4 **f)** 12,9 **g)** 38,5 **h)** 12,4

843 **a)** richtig, richtig, falsch, richtig, richtig
b) falsch, richtig, richtig, falsch, falsch

844 **a)** 23,5 **b)** 18,6 **c)** 113,4 **d)** 117,5
e) 9,75 **f)** 116,75 **g)** 120,25 **h)** 25,625

845 **a)** 11,55 **b)** 4,45 **c)** 231,45
d) 170,28 **e)** 20,675 **f)** 241,775 **g)** 12,19
h) 10,558

846 Im Buch ausgeführt.

847 Im Buch ausgeführt.

848 **a)** 25 110; 2 511; 251,1; 25,11
b) 4 825; 482,5; 48,25; 4,825
c) 1 600,3; 160,03; 16,003; 1,6003
d) 815; 81,5; 8,15; 0,815
e) 483,5; 48,35; 4,835; 0,4835
f) 3 483,75; 348,375; 34,8375; 3,48375
g) 5 037,823; 503,7823; 50,37823; 5,037823
h) 391,572; 39,1572; 3,91572; 0,391572
i) 1 521,0355; 152,10355; 15,210355; 1,5210355
j) 497,3623; 49,73623; 4,973623; 0,4973623

849 **a)** Um 5 100 durch 300 zu dividieren wird in der ersten Variante die Zahl zuerst durch 3 und dann durch 100 dividiert und in der zweiten Variante genau umgekehrt. Die zweite Variante ist etwas einfacher, da nur eine zweistellige Zahl durch 3 dividiert werden muss.

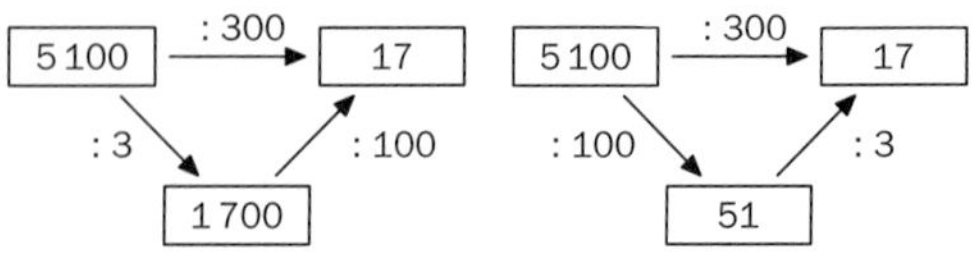

b) Um 48,5 durch 50 zu dividieren wird in der ersten Variante die Zahl zuerst durch 5 und dann durch 10 dividiert und in der zweiten Variante genau umgekehrt. Beide Varianten sind hier annähernd gleich einfach.

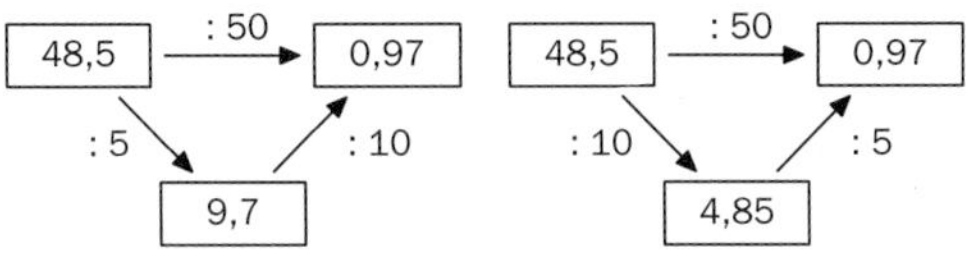

850 **a)** 6 **b)** 15 **c)** 82 **d)** 460 **e)** 70 **f)** 0,7 **g)** 20 **h)** 9,4 **i)** 2,21 **j)** 3,1241

851 **a)** falsch, richtig, richtig, falsch, falsch
b) falsch, falsch, richtig, richtig, falsch

852 KRIMISERIE

853 **a)** 257,5 **b)** 4,2 **c)** 291,5 **d)** 10,05 **e)** 46,8 **f)** 4,01 **g)** 5,16 **h)** 71,1

854 **a)** 26 **b)** 43 **c)** 46 **d)** 42 **e)** 2,7 **f)** 5,61 **g)** 2,076 **h)** 4,15

855 **a)** falsch, da der linke Dividend größer ist als der rechte, die Divisoren aber gleich sind
b) richtig, da auf der linken Seite die Zahl 720 durch eine größere Zahl dividiert wird und daher der Quotient kleiner ist
c) falsch, da auf der linken Seite eine kleinere Zahl durch eine größere dividiert wird als auf der rechten Seite; damit ist links der Quotient kleiner als rechts
d) richtig, da auf der linken Seite eine größere Zahl durch eine kleinere dividiert wird als auf der rechten Seite; damit ist links der Quotient größer als rechts

856 Im Buch ausgeführt.

857 Im Buch ausgeführt.

858 Im Buch ausgeführt.

859 Im Buch ausgeführt.

860 **a)** 36 : 3 = 12 **b)** 15 : 5 = 3
c) 42 : 7 = 6 **d)** 18 : 9 = 2 **e)** 45 : 5 = 9
f) 28 : 4 = 7 **g)** 56 : 8 = 7 **h)** 32 : 8 = 4

861 **a)** 240 : 2 = 120 **b)** 820 : 2 = 410
c) 350 : 5 = 70 **d)** 5 500 : 5 = 1 100
e) 880 : 11 = 80 **f)** 480 : 12 = 40
g) 750 : 25 = 30 **h)** 750 : 25 = 30

862 Das Ergebnis der Division ändert sich nicht, wenn der Dividend und der Divisor mit derselben Zahl multipliziert wird.
a) z. B.: 9 : 3 = 90 : 30 = 900 : 300 = 3
b) z. B.: 25 : 5 = 250 : 50 = 2 500 = 500 = 5
c) z. B.: 24 : 2 = 240 : 20 = 2 400 : 200 = 12
d) z. B.: 100 : 4 = 1 000 : 40 = 10 000 : 400 = 25
e) z. B.: 80 : 2 = 800 : 20 = 8 000 : 200 = 40
f) z. B.: 330 : 3 = 3 300 : 30 = 33 000 : 300 = 110
g) z. B.: 1 640 : 10 = 16 400 : 100 =
= 164 000 : 1 000 = 164
h) z. B.: 610 : 2 = 6 100 : 20 = 61 000 : 200 = 305

863 **a)** 5,1 **b)** 2,24 **c)** 3,22 **d)** 6,8 **e)** 3,2 **f)** 4,15 **g)** 3,6 **h)** 3,4

864 **a)** 20,2 **b)** 29,95 **c)** 20,5 **d)** 15,2 **e)** 19,96 **f)** 5,02 **g)** 48,5 **h)** 20,2

865 **a)** falsch, falsch, richtig, falsch
b) richtig, falsch, richtig, richtig

866 STAR WARS

867 **a)** 253,3 **b)** 1,4 **c)** 6,8 **d)** 9,3 **e)** 77,6 **f)** 2,3 **g)** 32,2 **h)** 8,0

868 **a)** 2,78 **b)** 1,37 **c)** 3,21 **d)** 6,81 **e)** 5,02 **f)** 4,23 **g)** 3,62 **h)** 3,39

869 Im Buch ausgeführt.

870 Im Buch ausgeführt.

871 **a)** Pro Quadratkilometer leben im Durchschnitt 301,5 Personen.
b) Pro Quadratkilometer leben im Durchschnitt 84,0 Personen.

872 Auf einem Quadratkilometer leben durchschnittlich 241,6 Personen.

873 Jeder und jede bekommt 7,5 €.

874 Das Ticket kostet für jeden 15,25 €.

875 Nach 6 Monaten hat er den Betrag zusammengespart.

876 Jedes Kind muss dann noch 14 € bezahlen.

877 a) Die Treppe hat 18 Stufen.
b) Eine Stufe ist 17 cm hoch.

878 Sie ist durchschnittlich 45 km pro Tag gefahren.

879 Er kommt in einer Stunde durchschnittlich 92 km weit.

880 Das Auto fährt 34,72 m in einer Sekunde (125 000 m in 3 600 s).

881 Die U-Bahn hält 80 mal an einer Station.

882 Der Tulli-Express fährt 8 mal in dieser Zeit ab.

883 1) Die Gondel muss mindestens 6 Mal fahren.
2) Nein, es sind dabei nicht alle voll besetzt, da $6 \cdot 23 = 138$ ergibt, aber nur 132 Personen transportiert werden müssen.

884 1) Es können 83 Flaschen befüllt werden.
2) Es bleiben 0,5 l Saft übrig.

885 Im Buch ausgeführt.

886 Im Buch ausgeführt.

887 Im Buch ausgeführt.

888 Im Buch ausgeführt.

889 a) 1 und 9 **b)** 4 und 100
c) 2 und 8 **d)** 16 und 400

890 falsch, falsch, richtig, richtig, richtig

891 a) 12 **b)** 11 **c)** 7 **d)** 17 **e)** 2
f) 7,5 **g)** 4 **h)** 8

892 1) z. B.: $24 : 4 : 3 = 2 = 24 : 3 : 4$;
$360 : 5 : 6 = 12 = 360 : 6 : 5$;
$168 : 7 : 8 = 3 = 168 : 8 : 7$
2) Möchte ich eine Zahl *a* durch den Divisor *b* und durch den Divisor *c* dividieren, so ist es egal, durch welchen Divisor ich die Zahl *a* zuerst dividiere.

893 a) 19; Probe: $19 \cdot 12 = 228$
b) 8,5; Probe: $8{,}5 \cdot 32 = 272$
c) 5,5; Probe: $5{,}5 \cdot 28 = 154$
d) 5,3; Probe: $5{,}3 \cdot 18 = 95{,}4$
e) 25; Probe: $25 \cdot 4{,}2 = 105$
f) 65; Probe: $65 \cdot 2{,}4 = 156$
g) 4,1; Probe: $4{,}1 \cdot 2{,}5 = 10{,}25$
h) 6,2; Probe: $6{,}2 \cdot 2{,}1 = 13{,}02$

894 a) 2,5; Probe: $2{,}5 \cdot 73 = 182{,}5$
b) 16,1; Probe: $16{,}1 \cdot 25 = 402{,}5$
c) 10,4; Probe: $10{,}4 \cdot 6{,}2 = 64{,}48$
d) 7,3; Probe: $7{,}3 \cdot 1{,}6 = 11{,}68$
e) 22,2; Probe: $22{,}2 \cdot 6{,}05 = 134{,}31$
f) 13,5; Probe: $13{,}5 \cdot 8{,}02 = 108{,}27$
g) 6,3; Probe: $6{,}3 \cdot 2{,}8 = 17{,}64$
h) 5,3; Probe: $5{,}3 \cdot 1{,}8 = 9{,}54$

895 a) 52 und 4 Rest; Probe: $52 \cdot 8 + 4 = 420$
b) 15 und 2 Rest; Probe: $15 \cdot 25 + 2 = 377$
c) 37 und 6 Rest; Probe: $37 \cdot 12 + 6 = 450$
d) 390 und 17 Rest; Probe: $390 \cdot 19 + 17 = 7\,427$
e) 312 und 4 Rest; Probe: $312 \cdot 13 + 4 = 4\,060$
f) 305 und 13 Rest; Probe: $305 \cdot 21 + 13 = 1\,764$
g) 78 und 4 Rest; Probe: $78 \cdot 32 + 4 = 2\,500$
h) 41 und 13 Rest; Probe: $41 \cdot 22 + 13 = 915$

896 a) 18 und 17 Rest; Probe: $18 \cdot 78 + 17 = 1\,421$
b) 24 und 21 Rest; Probe: $24 \cdot 117 + 21 = 2\,829$
c) 26 und 73 Rest; Probe: $26 \cdot 84 + 73 = 2\,257$
d) 54 und 7 Rest; Probe: $54 \cdot 211 + 7 = 11\,401$
e) 104 und 16 Rest; Probe: $104 \cdot 36 + 16 = 3\,760$
f) 214 und 131 Rest;
Probe: $214 \cdot 142 + 131 = 30\,519$
g) 62 und 26 Rest; Probe: $62 \cdot 27 + 26 = 1\,700$
h) 30 und 14 Rest; Probe: $30 \cdot 18 + 14 = 554$

897 Domi hat recht, wenn ich *x* Zuckerl auf 5 Kinder aufteile, ist es das gleiche als würde ich die doppelte Menge Zuckerl auf 10 Kinder aufteilen, z. B.: $30 : 5 = 6$ und $(30 \cdot 2) : (5 \cdot 2) = 60 : 10 = 6$.

898 richtig, richtig, falsch, richtig, richtig

899 Im Buch ausgeführt.

900 Im Buch ausgeführt.

901 a) 73 **b)** 211 **c)** 1 **d)** 48 **e)** 16
f) 15

902 **a)** 150,2 **b)** 78,3 **c)** 48,88 **d)** 31,66
e) 4,5 **f)** 41,15 **g)** 8,4 **h)** 18,9 **i)** 30

903 **a)** 249 **b)** 5 **c)** 102,1 **d)** 43,14

904 **a)** falsch, richtig, falsch, richtig, richtig
b) falsch, richtig, falsch, richtig, richtig

905 **a)** $(25-7)\cdot 2+10=46$
b) $(13\cdot 4+8)\cdot 2=120$
c) $(14+22)\cdot 3-100=8$
d) $(2\cdot 33-16):2=25$

906 **a)** $(1\,632:68)\cdot(1\,632-68)=37\,536$
b) $(185+180):(185-180)=73$
c) $(1\,890-54)-(1\,890:54)=1\,801$
d) $210\cdot 35+210:35=7\,356$

907 **a)** $(5+7)\cdot 3-2=34$
b) $4+(4+3)\cdot 2=18$
c) $(7-3)\cdot(5-2)=12$
d) $12+6\cdot(1{,}5-0{,}5)=18$
e) $(10-3+7)\cdot 10=140$
f) $2{,}3\cdot(25-15)+4=27$

908 Die gleichen Ergebnisse kommen daher, dass jeweils das Distributivgesetz angewendet wurde.
a) Die erste und zweite Rechnung haben das gleiche Ergebnis. (216; 216; 73)
b) Die zweite und dritte Rechnung haben das gleiche Ergebnis. (22; 7; 7)
c) Die erste und dritte Rechnung haben das gleiche Ergebnis. (13; 23; 13)
d) Die zweite und dritte Rechnung haben das gleiche Ergebnis. (15,8; 20,475; 20,475)
e) Die erste und zweite Rechnung haben das gleiche Ergebnis. (11,55; 11,55; 22,05)
f) Die zweite und dritte Rechnung haben das gleiche Ergebnis. (35,5; 58; 58)

909 **a)** 8 **b)** 1 **c)** 130 **d)** 5,7 **e)** 8
f) 3,4

910 Im Buch ausgeführt.

911 Im Buch ausgeführt.

912 Im Buch ausgeführt.

913 **a)** □ = 5; ▽ = 2; ☆ = 2; ♥ = 63
b) □ = 12; ▽ = 6; ☆ = 4; ♥ = 156
c) □ = 4; ▽ = 2; ☆ = 10; ♥ = 2,2

914 **a)** $x+13=76$; Beschriftung: -13; $x=63$
b) $x-43=15$; Beschriftung: $+43$; $x=58$
c) $x\cdot 4=84$; Beschriftung: $:4$; $x=21$
d) $x:32=6$; Beschriftung: $\cdot 32$; $x=192$
e) $x+45{,}5=63{,}6$; Beschriftung: $-45{,}5$; $x=18{,}1$
f) $x-5{,}8=44$; Beschriftung: $+5{,}8$; $x=49{,}8$
g) $x\cdot 3{,}2=20{,}8$; Beschriftung: $:3{,}2$; $x=6{,}5$
h) $x:1{,}5=26$; Beschriftung: $\cdot 1{,}5$; $x=39$

915 **a)** $x=4$ **b)** $x=19$ **c)** $x=58$ **d)** $x=73$
e) $x=14$ **f)** $x=8$ **g)** $x=864$ **h)** $x=800$

916 **a)** $x=11{,}1$ **b)** $x=15{,}3$ **c)** $x=11{,}3$
d) $x=101{,}6$ **e)** $x=6$ **f)** $x=5$ **g)** $x=8{,}5$
h) $x=24{,}36$

917 $12\cdot s=18{,}72$ Ein Stift kostet 1,56 €.

918 $2{,}5\cdot 40+a=3\cdot 60$
Es entfallen dabei 80 Minuten auf Ansagen, Unterbrechungen und Pausen.

919 **a)** $2\cdot x=16$; $x=8$ **b)** $4\cdot a=24$; $a=6$
c) $3\cdot u=33$; $u=11$

920 **a)** $3\cdot r+6=30$; $r=8$
b) $4\cdot g+6=54$; $g=12$
c) $2\cdot n+1{,}2=4{,}8$; $n=1{,}8$

921 **a)** $x=2$
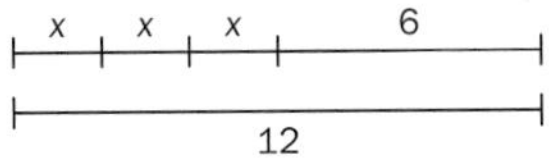

b) $x=6$
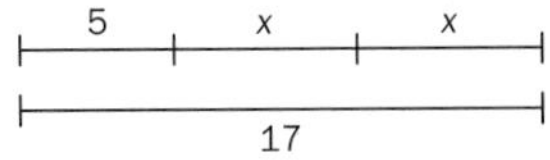

c) $x=13$
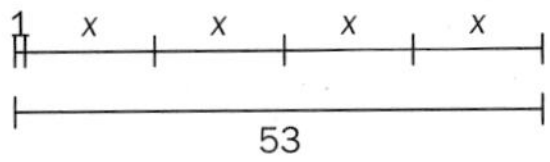

d) $x=25$
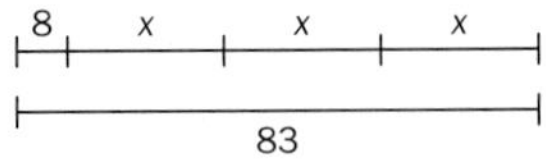

e) $x=4{,}1$
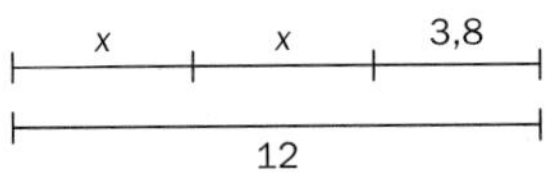

f) $x=3{,}2$
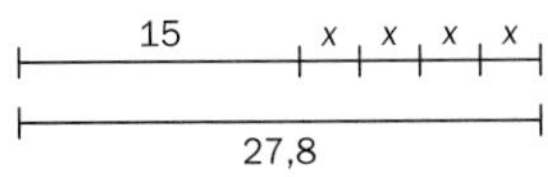

g) $x = 8{,}2$

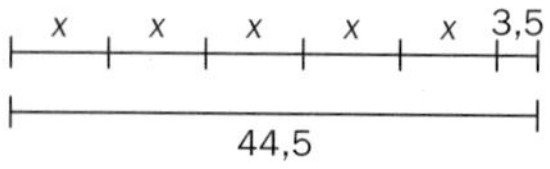

h) $x = 26{,}4$

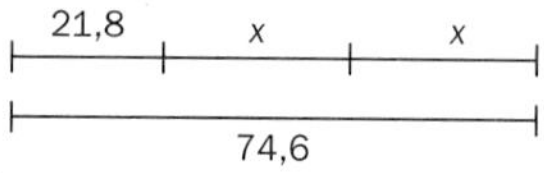

922 Im Buch ausgeführt.

923 Im Buch ausgeführt.

924 **a)**

Länge	Breite	Umfang	Flächeninhalt
3	11	28	33
2,4	5	14,8	12
23	3	52	69
3,5	12	31	42

b)

Seitenlänge	Umfang	Flächeninhalt
9	36	81
13	52	169
6	24	36
8	32	64

925 $b = 13\,\text{cm}$; $u = 50\,\text{cm}$

926 $a = 81\,\text{cm}$; $A = 6\,561\,\text{cm}^2$

927 **a)** $b = 15\,\text{cm}$; $A = 420\,\text{cm}^2$
b) $b = 4{,}3\,\text{cm}$; $A = 15{,}91\,\text{cm}^2$
c) $a = 5{,}6\,\text{m}$; $A = 34{,}16\,\text{m}^2$
d) $a = 13\,\text{cm}$; $u = 74\,\text{cm}$
e) $b = 4{,}9\,\text{m}$; $u = 19{,}8\,\text{m}$
f) $a = 6{,}5\,\text{m}$; $u = 85{,}8\,\text{m}$

928 **a)** Der Rasen kann auf einer Länge von 10 m angebaut werden.
b) Der Rasen kann auf einer Länge von fast 13 m angebaut werden.

929 Das Becken ist 1,47 m tief.

930 Das Wasser im Becken steht 94 cm tief.

931 Der Wasserspiegel ist um 60 cm gesunken.

932 $V = 8\,\text{m}^3$

933 **a)** $146 \cdot h = 32\,800$;
Das Zimmer ist 225 dm hoch.
b) $13{,}8 \cdot h = 29{,}6$; Das Zimmer ist 2,14 m hoch.

934 **1)** Er kann die Wand bis zu einer Höhe von 1,74 m streichen.
2) Er muss noch Farbe für aufgerundet $2{,}9\,\text{m}^2$ kaufen.

935 **a)** **1)** 690 **2)** 414 **3)** 230
b) **1)** 945 **2)** 567 **3)** 315
c) **1)** 705 **2)** 423 **3)** 235
d) **1)** 870 **2)** 522 **3)** 290
e) **1)** 1 065 **2)** 639 **3)** 355
f) **1)** 990 **2)** 594 **3)** 330
g) **1)** 735 **2)** 441 **3)** 245
h) **1)** 885 **2)** 531 **3)** 295

936 **a)** 3,7 **b)** 3,8 **c)** 7,3 **d)** 5,2 **e)** 2,9
f) 4,8 **g)** 8,4 **h)** 9,4

937 **a)** 143 **b)** 415 **c)** 142 **d)** 244
e) 242 **f)** 426 **g)** 316 **h)** 316

938 **a)** 56 000; 5 600; 560; 56
b) 14 300; 1 430; 143; 14,3
c) 393; 39,3; 3,93; 0,393
d) 689,23; 68,923; 6,8923; 0,68923
e) 407,425; 40,7425; 4,07425; 0,407425
f) 58,1956; 5,81956; 0,581956; 0,0581956

939 **a)** 27 **b)** 43 **c)** 73 **d)** 56 **e)** 4,3
f) 3,13 **g)** 112,5 **h)** 3,42

940 **a)** richtig, richtig, falsch, falsch, richtig, falsch
b) richtig, richtig, falsch, richtig

941 WELLDONE

942 **a)** 5,24 **b)** 6,3 **c)** 2,2 **d)** 4,5
e) 6,25 **f)** 2,3 **g)** 1,5 **h)** 6,2

943 RECHENKÖNIG

944 **a)** richtig, richtig, falsch, richtig, falsch
b) richtig, falsch, richtig, falsch, falsch

945 In Salzburg leben rund 78,5 Personen pro km^2, in Tirol rund 60,1 Personen pro km^2. In Tirol leben daher weniger Menschen auf 1 km^2.

946 **a)** Jedes Kind muss 9 € bezahlen.
b) Dann muss jedes Kind 10 € bezahlen.

947 **a)** In zwei Bussen können alle Sitzplätze belegt werden.
b) Nein, da es in zwei voll besetzten Bussen insgesamt 50 Plätze gibt, aber 55 Personen mitfahren wollen.

948 Der Rennwagen fährt rund 97 m in einer Sekunde.

949 Ein Lichtstrahl benötigt 500 s ($\approx$ 8 min) von der Sonne bis zur Erde.

950 Sie hat falsch herum dividiert. 8 Liter Limonade wurden auf 16 Kinder aufgeteilt, daher hätte sie $8 : 16 = 0{,}5$ rechnen müssen.

951 Aus einem Viertel von 28 und einem Viertel von 18 wird die Summe gebildet: $28 : 4 + 18 : 4$
Die Differenz von 28 und 18 wird geviertelt:
$(28 - 18) : 4$
Der Quotient von 28 und 4 wird um 18 vermindert:
$28 : 4 - 18$
Ein Viertel von 28 wird um 18 vergrößert: $28 : 4 + 18$
Die Summe von 28 und 18 wird geviertelt:
$(28 + 18) : 4$

952 **a)** 15 **b)** 5 **c)** 1 820 **d)** 4 **e)** 194
f) 896 **g)** 24 **h)** 85 **i)** 376 **j)** 381
k) 63 **l)** 40

953 **a)** 550 **b)** 383 **c)** 601 **d)** 11

954 **a)** 23,7 **b)** 7,44 **c)** 29,28 **d)** 1,86

955 **a)** 81,677 **b)** 17,665 **c)** 6,08 **d)** 81,7

956 falsch, falsch, richtig, richtig, falsch

957 **a)** □ = 6; ▽ = 56; ☆ = 13; ♥ = 7
b) □ = 3; ▽ = 150; ☆ = 6; ♥ = 8

958 **a)** $x = 8$ **b)** $x = 4{,}2$
c) $x = 11{,}5$ **d)** $x = 65{,}8$

959 $f \cdot 1{,}5 = 300$; $f = 300 : 1{,}5 = 200$
Das sind also 200 Flaschen.

960 $A = 179\,820\ cm^2$

961 **a)** $b = 69$ mm; $A = 3\,657\ mm^2$
b) $a = 4{,}15$ m; $A = 51{,}2525\ m^2$
c) $b = 3{,}2$ cm; $A = 10{,}24\ cm^2$
d) $b = 5$ m; $u = 46$ m
e) $a = 32{,}2$ dm; $u = 81$ dm
f) $a = 32$ m; $u = 72{,}1$ m

962 $a = 8$ m 6 dm; $u = 27$ m 6 dm

963 Das Schwimmbecken ist 1,6 m tief.

964 Die Mauer ist 1,5 m hoch.

965 **a)** Der Quotient wird vergrößert, z. B.:

$30 : 5 = 6$ $35 : 5 = 7$

b) Der Quotient wird verkleinert, z. B.:

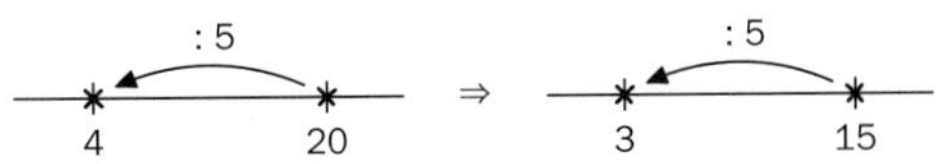

$20 : 5 = 4$ $15 : 5 = 3$

c) Der Quotient wird verkleinert, z. B.:

$24 : 3 = 8$ $24 : 4 = 6$

d) Der Quotient wird vergrößert, z. B.:

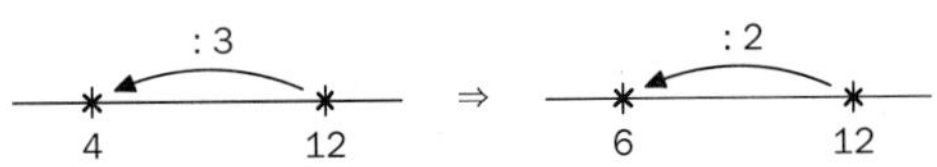

$12 : 3 = 4$ $12 : 2 = 6$

966 **a)** Der Quotient wird verdoppelt, z. B.:

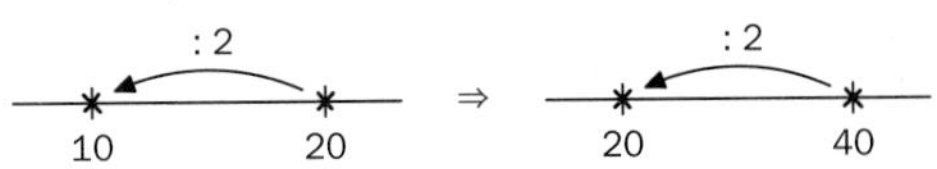

$20 : 2 = 10$ $40 : 2 = 20$

b) Der Quotient wird halbiert, z. B.:

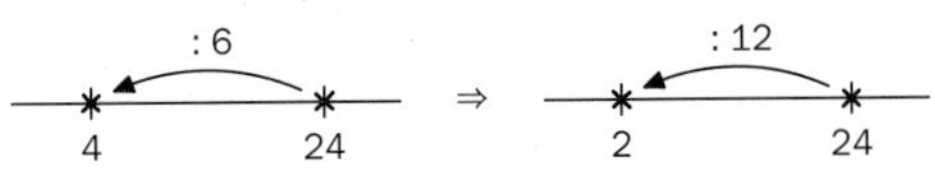

$24 : 6 = 4$ $24 : 12 = 2$

c) Der Quotient wird gedrittelt, z. B.:

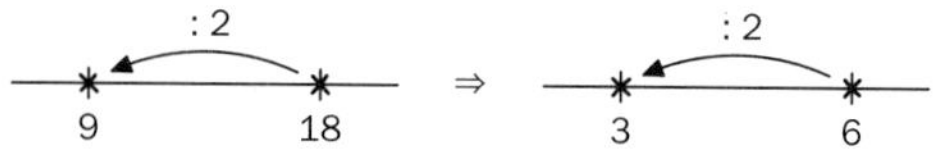

18 : 2 = 9 6 : 2 = 3

d) Der Quotient wird verdoppelt, z. B.:

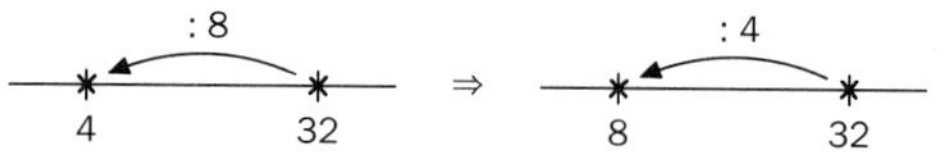

32 : 8 = 4 32 : 4 = 8

e) Der Quotient bleibt gleich, z. B.:

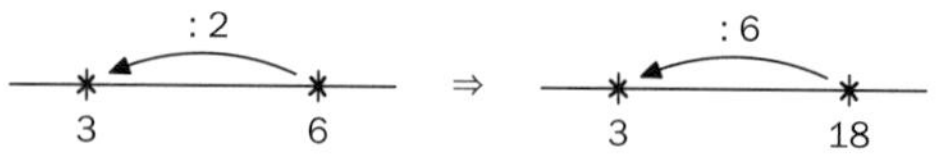

6 : 2 = 3 18 : 6 = 3

f) Der Quotient bleibt gleich, z. B.:

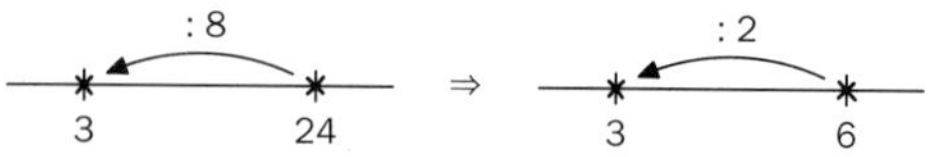

24 : 8 = 3 6 : 2 = 3

g) Der Quotient wird ver-20-facht, z. B.:

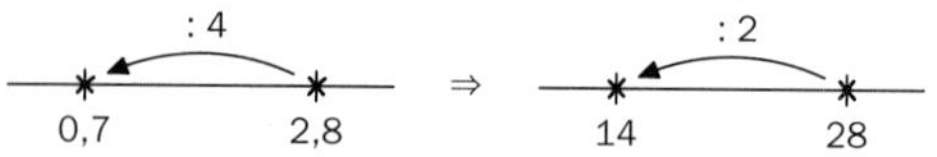

2,8 : 4 = 0,7 28 : 2 = 14

h) Der Quotient wird geviertelt, z. B.:

32 : 2 = 16 16 : 4 = 4

967 **a)** richtig, da der linke Dividend kleiner ist als der rechte, die Divisoren aber gleich sind

b) richtig, da auf der linken Seite eine größere Zahl durch eine kleinere dividiert wird als auf der rechten Seite; damit ist links der Quotient größer als rechts

c) richtig, da auf der linken Seite eine kleinere Zahl durch eine größere dividiert wird als auf der rechten Seite; damit ist links der Quotient kleiner als rechts

d) richtig, da die Dividenden von links nach rechts immer größer werden, die Divisoren aber gleich bleiben

e) falsch, da die Divisoren von links nach rechts immer größer werden, die Dividenden aber gleich bleiben

f) richtig, da bei der linken Ungleichung der linke Divisor größer ist als der rechte, die Dividenden aber gleich sind und bei der rechten Ungleichung der linke Dividend kleiner ist als der rechte, die Divisoren aber gleich sind

968 z. B.: 14 : 2 = 7 und 0 Rest;
15 : 2 = 7 und 1 Rest; 30 : 2 = 15 und 0 Rest;
14 : 5 = 2 und 4 Rest; 15 : 5 = 3 und 0 Rest;
30 : 5 = 6 und 0 Rest;
Bei der Division durch 2 bleibt kein Rest, wenn die Zahl gerade ist, z. B.: 8 : 2 = 4; 24 : 2 = 12; 38 : 2 = 19
Bei der Division durch 5 bleibt kein Rest, wenn die Zahl eine 0 oder eine 5 als Einerstelle hat, z. B.: 35 : 5 = 7; 40 : 5 = 8; 105 : 5 = 21

969 3 Personen: Jeder erhält 6 Birnen, 8 Zwetschken, 4 Äpfel und 2 Bananen.
2 Personen: Jeder erhält 9 Birnen, 12 Zwetschken, 6 Äpfel und 3 Bananen.
1 Person: Jeder erhält 18 Birnen, 24 Zwetschken, 12 Äpfel und 6 Bananen.
0 Personen: geht nicht

1) Der Quotient ist dann gleich dem Dividend, also ergibt Division durch 1 immer die ursprüngliche Zahl.

2) Die Division durch null ist nicht möglich, da man z. B. keinen Obstkorb auf 0 Personen aufteilen kann.

970 **a)** Jeder erhält dann 7 Frösche.

b) Dann bekommt jeder 6 Frösche.

c) Er könnte z. B. jedem seiner Freunde 6 Frösche geben und selbst nur 5 nehmen, oder er gibt jedem Freund nur 5 und nimmt sich die restlichen 11 selbst.

971 addieren, Summe, 1. Summand, 2. Summand, vermehren;
subtrahieren, Minuend, vermindern, Subtrahend, Differenz;
1. Faktor, 2. Faktor, multiplizieren, vervielfachen, Produkt;
Divisor, Quotient, Dividend, teilen, dividieren

972 **a)** Bei der Division durch 10 wird das Komma eine Stelle nach links, bei der Division durch 100 zwei Stellen nach links, etc. verschoben.
z. B.: 4 731,2 : 1 000 = 4,7312 Das Komma wird hier um drei Stellen nach links verschoben.

b) Bei der Division durch eine Dezimalzahl wird zuerst der Dividend und der Divisor so oft mit 10 multipliziert, bis der Divisor eine natürliche Zahl ist und anschließend wird wie durch eine natürliche Zahl dividiert.
12,744 : 5,31 = 1 274,4 : 531 = 2,4
Hier wird der Dividend und der Divisor zweimal mit 10, also mit 100 multipliziert.

973 a) z. B.: $160 : 80 = 16 : 8 = 8 : 4 = 4$ Hier wird zuerst der Dividend und Divisor durch 10 dividiert und dann durch 2. Der Quotient ändert sich dabei nicht.
z. B.: $140 : 3{,}5 = 280 : 7 = 40$ Hier wird der Dividend und der Divisor zur Vereinfachung mit 2 multipliziert. Auch hier ändert sich der Quotient nicht.
b) Die Zahl c darf nicht 0 sein, da sonst bei der Multiplikation der Divisor 0 wird, eine Division durch 0 aber nicht möglich ist.

974 a) $25 \cdot 5 - 25 : 5 = 120$
b) $(96 + 84) : (96 - 84) = 15$
c) $(413{,}1 + 25{,}5) + 413{,}1 : 25{,}5 = 454{,}8$
d) $(45{,}1 : 8{,}2) \cdot (45{,}1 - 8{,}2) = 202{,}95$

975 a) $(30{,}8 + 27{,}2) : 2 - 19 = 10$
b) $(34{,}2 - 22{,}7) \cdot 2 + 17 = 40$
c) $(3 \cdot 13{,}4 - 28{,}2) : 4 = 3$
d) $(4 \cdot 6{,}3 + 12{,}4) : 2 = 18{,}8$

976 z. B.: $(27 + 81) : 9 = 27 : 9 + 81 : 9 = 3 + 9 = 12$
Wenn ich die Summe aus 27 und 81 durch 9 dividieren möchte, kann ich die 27 und die 81 auch jeweils einzeln durch 9 dividieren und anschließend die Summe bilden.

977–997 Lösungen siehe Schulbuch (Anhang ab S. 217)

8. Maßstab

Seite 171: *links oben:*

Bezeichnung: Die Erschaffung Adams
Wahre Größe: 4,8 m
Breite des Fotos: 9,6 cm
Verkleinerung: 50-fach

rechts oben:

Bezeichnung: Eiffelturm
Wahre Größe: 325 m
Höhe des Fotos: 6,5 cm
Verkleinerung: 5 000-fach

links unten:

Bezeichnung: Sphinx von Gizeh
Wahre Größe: 20 m
Höhe des Fotos: 6 cm
Verkleinerung: 330-fach

rechts unten:

Bezeichnung: Mona Lisa
Wahre Größe: 77 cm
Höhe des Fotos: 7,7 cm
Verkleinerung: 10-fach

998 Im Buch ausgeführt.

999 **a)** 160 km **b)** 430 km **c)** 150 km
d) 390 km **e)** 100 km **f)** 240 km

1000 **a)** 4,7 km **b)** 10,2 km **c)** 8,5 km
d) 6,8 km **e)** 8,3 km **f)** 3,6 km

1001 **a)** 31 m; z. B.: Länge eines Grundstücks
b) 7,6 m; z. B.: Länge eines Hauses
c) 1,4 km; z. B.: Länge einer Ortsstraße
d) 170 km; z. B.: Länge der Luftlinie zwischen zwei Städten in Österreich
e) 2 520 km; z. B.: Länge einer Schiffsroute übers Meer
f) 115 km; z. B.: Erstreckung eines Nationalparks

1002 Das Auto hat eine Länge von 4,48 m.

1003 38,4 m lang; 14,4 m breit und 15,6 m hoch

1004 Die Strecke ist im Original 240,8 m lang.

1005 Magdalena hat recht, denn man kann nicht genauer als 1 mm messen. 1 mm auf der Karte sind in Wirklichkeit schon 3,5 km, d. h. die Rundung auf 150 km macht Sinn.

1006 z. B.:
kleinster Maßstab 1 : 1 250 000 (S. 16–17),
Maßstab 1 : 1 400 000 (S. 50–51),
Maßstab 1 : 2 000 000 (S. 52–57),
Maßstab 1 : 3 000 000 (S. 16–17, 46–49, 52–57),
Maßstab 1 : 5 000 000 (S. 51);
Der Maßstab 1 : 3 000 000 ist ein mehr als doppelt so großer Maßstab als der Maßstab 1 : 1 250 000. Deshalb passen diese Karten auf einzelne Seiten.
Grundsätzlich gilt: Je kleiner der Maßstab ist, desto größer ist Österreich abgebildet und Orte können besser unterschieden werden.

1007 [D] [A] [C] [B]

1008 Das Haar ist in Wirklichkeit 0,05 mm dick.

1009 **a)** ca. 6 mm **b)** ca. 1 cm **c)** ca. 2 mm
d) ca. 4 mm (Hinterbein)

1010 Im Buch ausgeführt.

1011 Im Buch ausgeführt.

1012 **a)** 31 cm **b)** 2,5 cm **c)** 67,38 mm
d) 84,2 cm **e)** 5,4 cm **f)** 18,6 mm

1013 *Hinweis:* Im Plan ist der Tischtennistisch 13,7 cm lang und 7,6 cm breit.

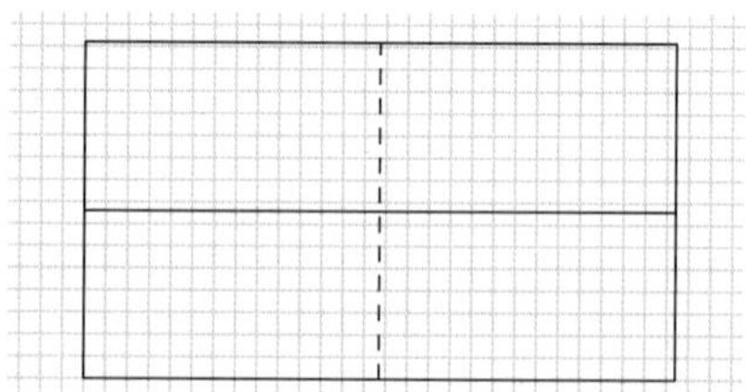

1014 **a)** *Hinweis:* 9 m in Wirklichkeit sind 3 cm am Plan und 3 m in Wirklichkeit sind 1 cm am Plan.

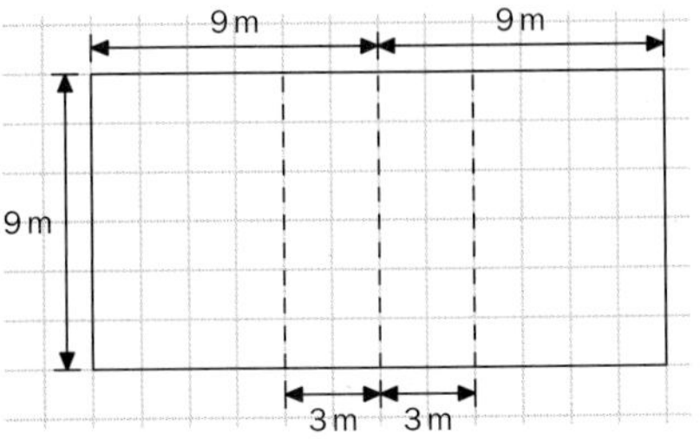

b) Der Maßstab im Buch ist größer.

1015 a) *Hinweis:* Die Abmessungen im Plan sind 14 cm, 4 cm, 5 cm und 6 cm.

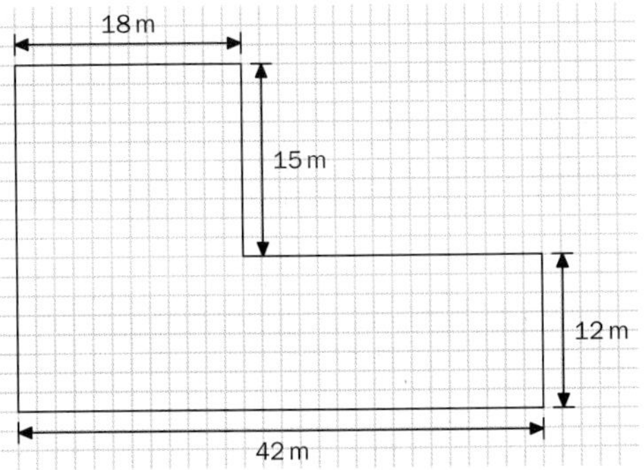

b) *Hinweis:* Die Abmessungen im Plan sind 5 cm, 6 cm, 9 cm und 14 cm.

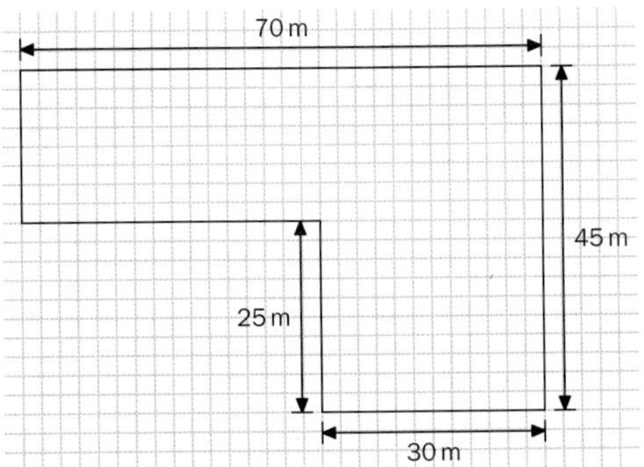

c) *Hinweis:* Die Abmessungen im Plan sind 7 cm, 4,5 cm, 2 cm und 2,5 cm.

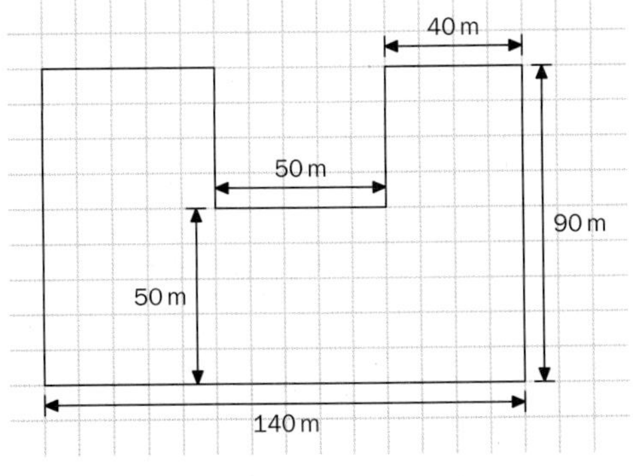

1016 a) *Hinweis:* Die Abmessungen im Plan sind 25 mm, 40 mm, 45 mm und 70 mm.

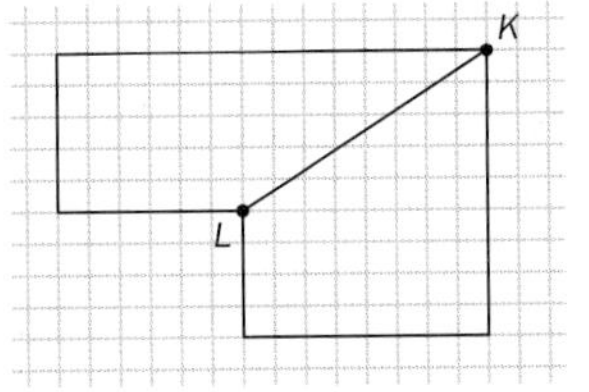

b) $\overline{LK} \approx 47$ m (im Plan: $\overline{LK} \approx 47$ mm)

c) $\overline{LK} \approx 47$ mm

Diese Zeichnung ist größer. Der Maßstab 1 : 500 ist genauer, denn im Maßstab 1 : 1 000 ist 1 mm Fehler im Plan ein Fehler von 1 m. Im Maßstab 1 : 500 ist 1 mm Fehler im Plan aber nur ein Fehler von 0,5 m.

Hinweis: Die Abmessungen sind nun 5 cm, 8 cm, 9 cm und 14 cm.

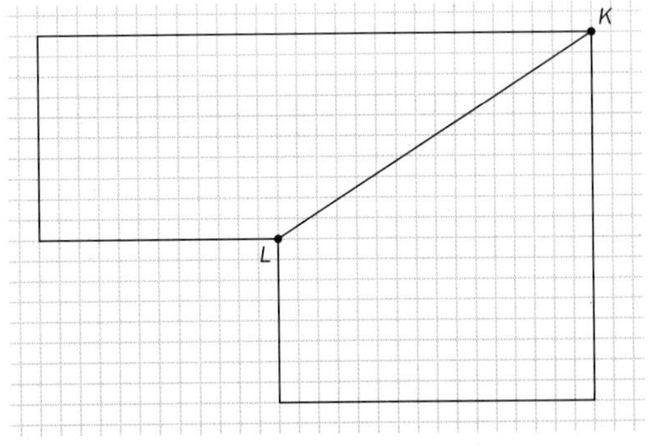

d) Ein Quadratmeter dieses Grundstücks ($A = 2\,550\ \text{m}^2$) kostet ungefähr 32,25 €.

1017 a) Maßstab 1 : 1 000; *Hinweis:* Die Abmessungen im Plan sind 2 cm, 3 cm, 4,5 cm und 7 cm.

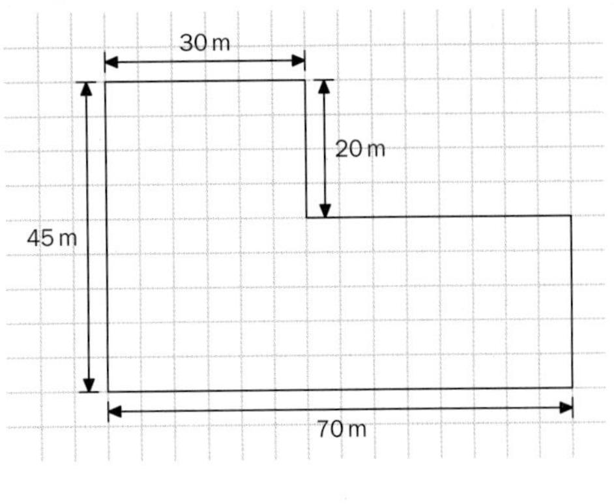

b) Maßstab 1 : 10; *Hinweis:* Die Abmessungen im Plan sind 4 cm, 3,5 cm, 7 cm und 5,5 cm.

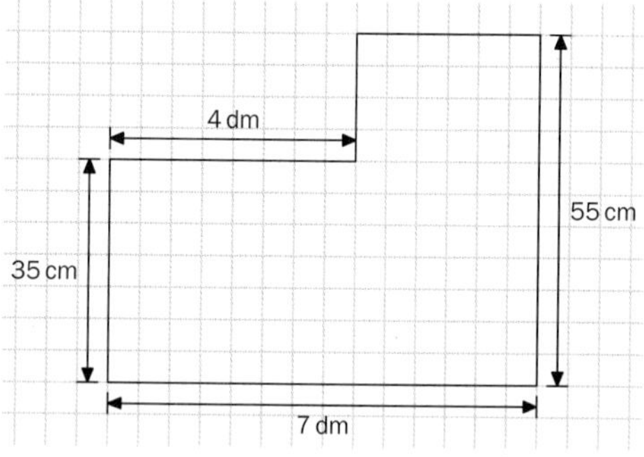

c) Maßstab 1 : 100; *Hinweis:* Die Abmessungen im Plan sind 1,5 cm, 3 cm, 2 cm, 7,2 cm und 5 cm.

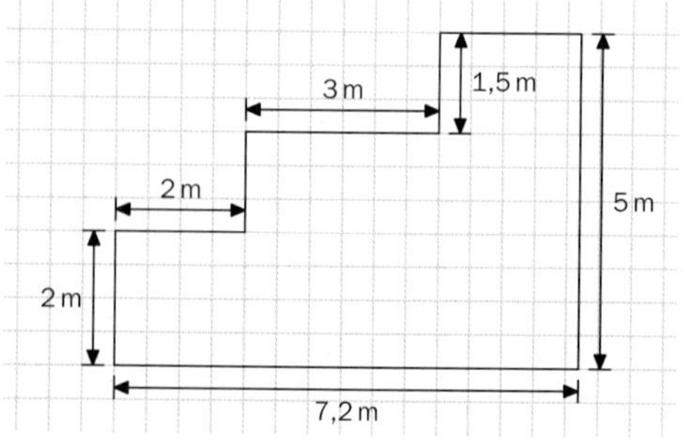

1018 a) $A = 12\,480\ \text{m}^2$

b) Maßstab 1 : 1 000; *Hinweis:* Im Plan ist der Acker 13 cm lang und 9,6 cm breit.

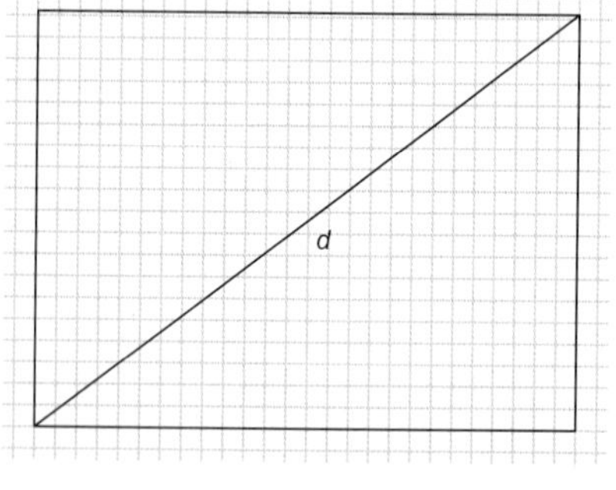

c) am Plan: $d \approx 162$ mm; in Wirklichkeit: $d \approx 162$ m

1019 Entfernung von Wien nach Salzburg: 250 km (7,2 cm auf der Karte)
... nach Graz: 140 km (4,1 cm auf der Karte)
... nach Eisenstadt: 40 km (1,2 cm auf der Karte)
... nach Innsbruck: 390 km (11 cm auf der Karte)
... nach Klagenfurt: 230 km (6,7 cm auf der Karte)

1020 a) 620 km **b)** 560 km **c)** 490 km **d)** 1 030 km **e)** 200 km

1021 Das Modell wird 7 cm lang, 4,5 cm breit und 6 cm hoch werden.

1022 Das Fischerboot ist in Wirklichkeit 10,5 m lang und 3,9 m breit.

1023 z. B.: Klein Pöchlarn – Melk: Straße = 13 km, Luftlinie = 10 km

1024 Sandra hat recht, beide Modelle wären 23 cm hoch.

1025 Die ersten 4 Figuren von links sind im Maßstab 1 : 32, die beiden Figuren auf der rechten Seite sind im Maßstab 1 : 43 gefertigt. Da die beiden rechten kleiner sind als die anderen muss die Zahl im Maßstab (43) größer sein als bei den anderen (32).

1026 z. B.: Wien – St. Pölten – Linz – Salzburg – Innsbruck – Bregenz – Klagenfurt – Graz – Eisenstadt – Wien:
60 km + 100 km + 100 km + 140 km + 130 km +
+ 360 km + 100 km + 120 km + 40 km = 1 050 km

1027 z. B.: Melk – Amsterdam: ca. 870 km

1028 a) $1\,350\ \text{m}^2 = 13{,}5$ a

b) *Hinweis*: Die Länge beträgt im Plan 15 cm, die Breite 10 cm.

c) im Plan: $d \approx 18$ cm; in Wirklichkeit: $d \approx 54$ m

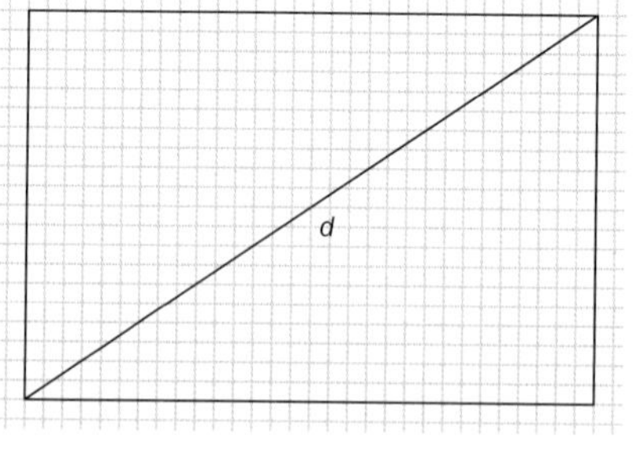

d) 1 : 1 000

1029 a) Ein Streichholz ist 2 mm breit.

b) In Wirklichkeit wäre ein Holzbalken 17,4 cm breit.

c) Ja, Streichhölzer sind ein gutes Modell für Holzbalken, da ≈ 17 cm eine realistische Breite für einen Holzbalken ist.

1030 Das Insekt ist im Bild 14 cm lang.

1031 Die Hausstaubmilbe ist in dieser Abbildung 2 dm groß.

1032 Das Steilstück ist in Wirklichkeit ungefähr 88 m lang.
z. B.: Maßstab: 1 : 1 000 *Hinweis:* Die beiden Abmessungen im Plan sind 5,8 cm und 6,6 cm.

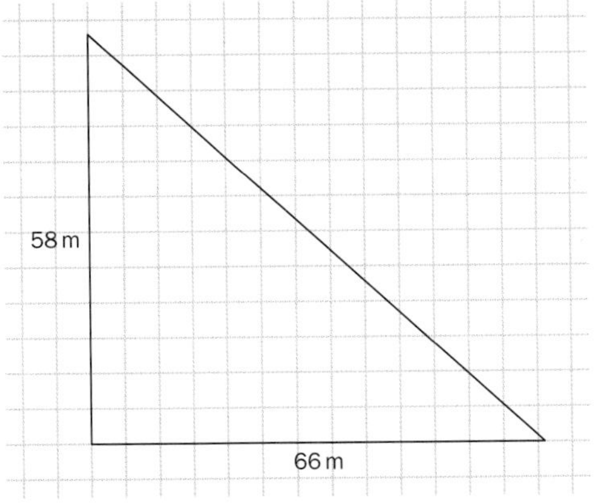

1033 a) z. B.: Maßstab: 1 : 1 000
Hinweis: Die Abmessungen im Plan sind 35 mm, 45 mm, 50 mm und 95 mm.

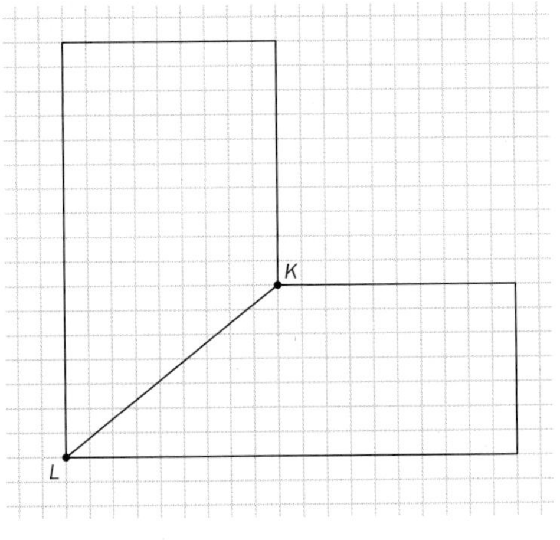

b) $\overline{LK} \approx 57$ m (im Plan: $\overline{LK} \approx 57$ mm)
c) $A = 5\,575$ m^2
d) Das Grundstück kostet 250 875 €.

1034 Das Haus ist in Wirklichkeit 12,5 m hoch.
Hinweis: Der Maßstab ist 1 : 500.

1035 a) Das Flugzeug muss ungefähr 58 km (das sind 11,5 cm am Plan) fliegen um eine Flughöhe von 8 000 m zu erreichen.
Hinweis: 8 000 m in Wirklichkeit sind 1,6 cm am Plan.

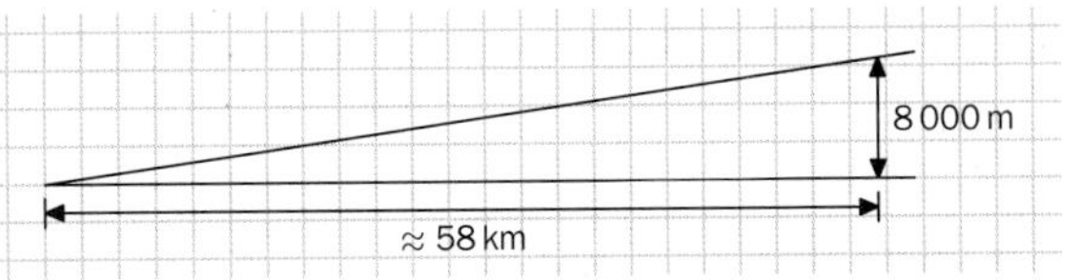

b) Es ergibt sich eine Abweichung von 500 m, d. h. man kann die Entfernung höchstens auf ganze km angeben.

1036 falsch, falsch, falsch, richtig, falsch

1037 (E) (B) (D) (A) (C)

1038 Die Luftlinie ist die kürzeste Verbindung zwischen zwei Punkten. Die Länge der Luftlinie ist daher auf jeden Fall kürzer als die Länge auf der Straße, weil diese ja nie exakt gerade verlaufen kann.

1039 richtig, falsch, richtig, richtig, falsch

1040 Petra hat richtig gerechnet. Simon hat sich einerseits bei der Einheit vertan, denn seine 12 000 sind eigentlich cm^2 und andererseits hat er die Fläche im Maßstab vergrößert. Dies funktioniert aber nicht so einfach. Zum Beispiel hat ein Quadrat mit 1 cm Seitenlänge, das im Maßstab 1 : 10 gezeichnet wurde, im Plan einen Flächeninhalt von 1 cm^2. In Wirklichkeit hätte das Quadrat aber eine Seitenlänge von 10 cm und damit einen Flächeninhalt von 100 cm^2. Aber 1 cm^2 mal 10 ergibt nicht 100 cm^2. Will Simon die Fläche in Wirklichkeit berechnen, so hätte er zweimal mit 200 multiplizieren müssen: $60\text{ cm}^2 \cdot 200 \cdot 200 = 2\,400\,000\text{ cm}^2 = 240\text{ m}^2$.

1041–1048 Lösungen siehe Schulbuch (Anhang ab S. 217)

Karte und Maßstab

T1 z. B.: Karte von deinem Bundesland: 1 : 600 000,
Österreichkarte: 1 : 1 250 000,
Europakarte: 1 : 50 000 000,
Weltkarte: 1 : 80 000 000

T2 ca. 725 km; 14,5 km; 29 000 km

T3 z. B.:

Karte	Österreichkarte	Karte von Mitteleuropa
Maßstab	1 : 3 000 000	1 : 25 000 000
Entfernung Wien-Bregenz auf der Karte	16,7 cm	2,1 cm
Entfernung Wien-Bregenz in der Wirklichkeit	501 km	525 km

T4 Die Entfernung kann genauer in der Österreichkarte bestimmt werden.

T5 z. B.: Ich messe die Entfernung im Plan von Feldkirch nach Neusiedl. Das sind 13,7 cm. Danach recherchiere ich die Luftline in Wirklichkeit im Internet. Diese beträgt ca. 547 km = 54 700 000 cm. Um den Maßstab zu erhalten muss ich die Luftlinie durch die Entfernung am Plan dividieren. So erhalte ich gerundet den Maßstab 1 : 4 000 000.

T6 *Hinweis*: Deine Entfernung sollte zwischen 480 km und 520 km liegen.

T7 ca. 500 km

T8 Die kürzeste Route über die A96 und die A1 ist 602 km lang, also über 100 km länger als die Luftlinie. Der Unterschied kommt daher, dass die Straße nicht entlang der Luftlinie verläuft.

9. Daten

Seite 183:
Alex hat 10 Stimmen erhalten. Jakob hat 6 Stimmen erhalten. Emma hat 8 Stimmen erhalten. 24 Kinder haben insgesamt ihre Stimme abgegeben.

Das mittlere Diagramm ist fehlerhaft, bei Jakob wurde eine Stimme vergessen. Richtig:

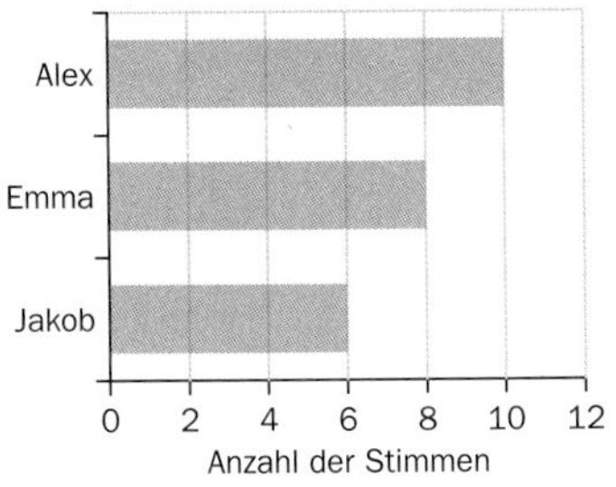

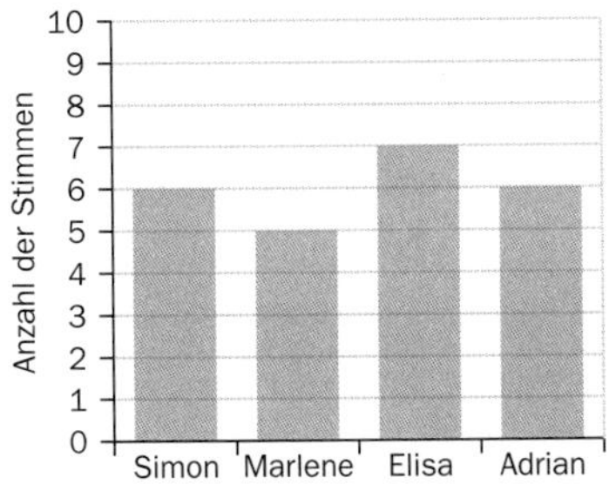

Simon 卌 I
Marlene 卌
Elisa 卌 II
Adrian 卌 I

Auch bei der zweiten Wahl wurden 24 Stimmen abgegeben.

1049 Im Buch ausgeführt.

1050 Im Buch ausgeführt.

1051

	Mädchen	Burschen	gesamt
10 Jahre	4	2	6
11 Jahre	8	9	17
11 Jahre	1	2	3
gesamt	13	13	26

1) In die 1C gehen 13 Mädchen
2) 17 Kinder sind 11 Jahre alt.
3) Bei den 10-Jährigen gibt es mehr Mädchen als Burschen.
4) Es gehen 26 Kinder in die 1C.

1052 1) 2012 gab es in Niederösterreich 14 031 Geburten.
2) Die meisten Geburten gab es im Jahr 2018 in Wien.
3) Die wenigsten Geburten gab es im Jahr 2020 im Burgenland.
4) Die Anzahl der Geburten ist um 9 234 gestiegen.
5) Weil Wien die meisten Einwohner hat.
6) In Wien hat sich die Geburtenzahl am stärksten verändert.

1053 1) Es besuchten 4 264 Schülerinnen und Schüler in Vorarlberg die 5. Schulstufe.
2) Im Schuljahr 2000/01 besuchten in Salzburg die meisten Schülerinnen und Schüler die 5. Schulstufe
3) Im Schuljahr 2010/11 besuchten in OÖ die wenigsten Schülerinnen und Schüler die 5. Schulstufe.
4) Die Anzahl ist in dem Zeitraum im Burgenland, in NÖ, in OÖ und in Wien gestiegen.
5) Im Schuljahr 2010/11 besuchten um 1 474 mehr Schülerinnen und Schüler in Tirol die 5. Schulstufe als im Schuljahr 2020/21.
6) Im Schuljahr 1990/91 besuchten um 4 837 weniger Schülerinnen und Schüler in Wien die 5. Schulstufe als im Schuljahr 2020/21.

1054

Anzahl Geschwister	0	1	2	3	4	5	gesamt
SchülerInnen der 1B	7	9	5	2	0	1	24

1055

Klasse	1A	1B	1C	gesamt
textiles Werken	15	12	16	43
technisches Werken	11	12	8	31

In die erste Klasse gehen insgesamt 74 Kinder. Davon gehen 43 in textiles Werken und 31 in technisches Werken.

1056

Anzahl der Handys	0	1	2	3
absolute Häufigkeit	4	13	6	2

1057 z. B.:

Monat	1	2	3	4	5	6	7	8	9	10	11	12	gesamt
absolute Häufigkeit	3	1	2	3	1	4	0	2	5	2	1	1	25

1058 Im Buch ausgeführt.

1059 Im Buch ausgeführt.

1060 Im Buch ausgeführt.

1061 1)

Woche	1	2	3	4	5	6	7	8
doppelte Sticker	4	9	13	20	25	29	12	15

2) Vielleicht hat Rafael mit Freunden doppelte Sticker getauscht.

1062 1) Sie wird vom 28. 4. bis zum 14. 5. angegeben.

2) Keinen Niederschlag gab es am 30. 4.; 2. 5.; 3. 5; 5. 5.; 6. 5.; 7. 5.; 9. 5.; 10. 5. und sehr wenig am 1. 5. und 8. 5.

3) 9 mm

4) Am meisten regnete es am 11. Mai mit einer Niederschlagsmenge von 15 mm.

1063 1) Alina hat die Klassensprecherwahl gewonnen.

2) Alina hat im Kreisdiagramm genau die Hälfte der Stimmen. Lukas und Ilvy haben zusammen die andere Hälfte der Stimmen.

3) Alina hat 12 Stimmen bekommen.

1064 1) Es gibt 70 Bushaltestellen, 15 Zughaltestellen, 35 Taxistellplätze und 20 Parkgaragen.

2)

Fotolia.com/guukaa (Fotos 1-9, 14-16)

1065 1) Manuel hat die Klassensprecherwahl gewonnen.

2) Anna und Julia haben im Kreisdiagramm genau die Hälfte der Stimmen. Manuel und Niklas haben zusammen die andere Hälfte der Stimmen und damit gleich viele Stimmen wie Anna und Julia.

3) Niklas hat 2 Stimmen bekommen.

1066 Im Buch ausgeführt.

1067

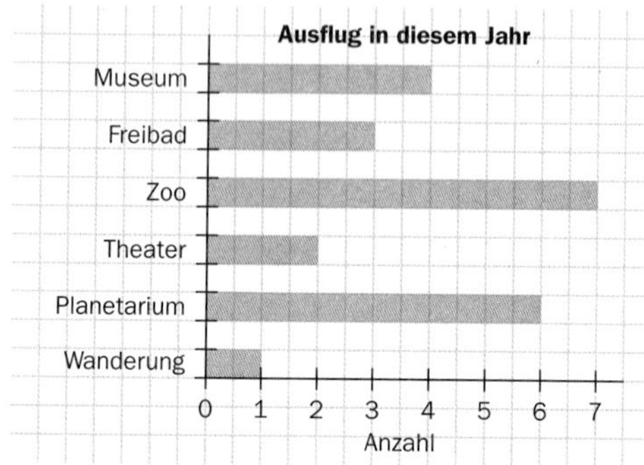

1068 1)

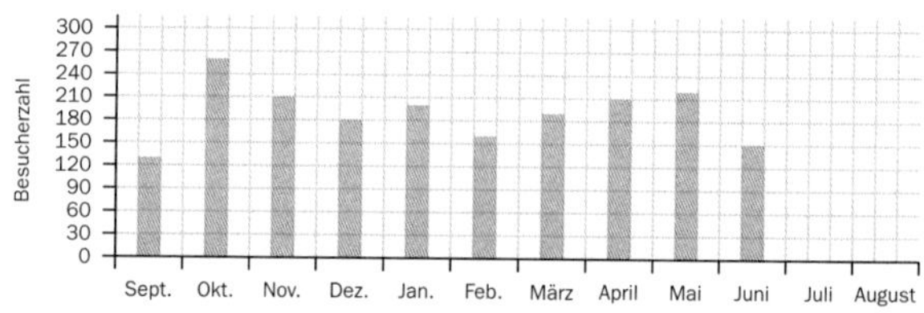

2) Im Juli und August sind Ferien, daher gibt es keine Besucher. Während des Schuljahrs könnten Schularbeiten, Eingewöhnungsphase im September, schulfreie Tage, … für die Schwankungen verantwortlich sein.

1069 Das zweite Diagramm ist besser, weil man die Unterschiede deutlicher erkennen kann.

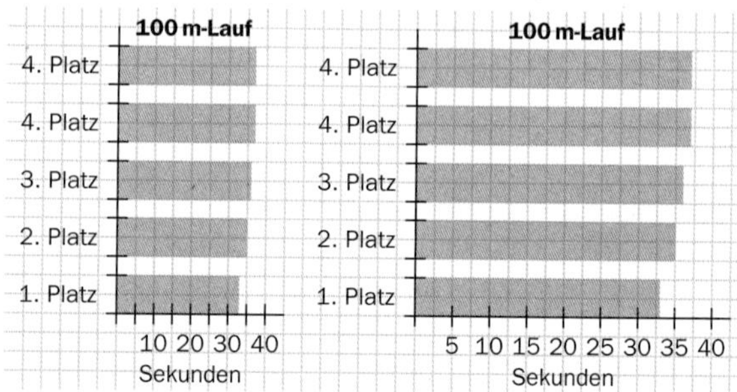

1070 1)

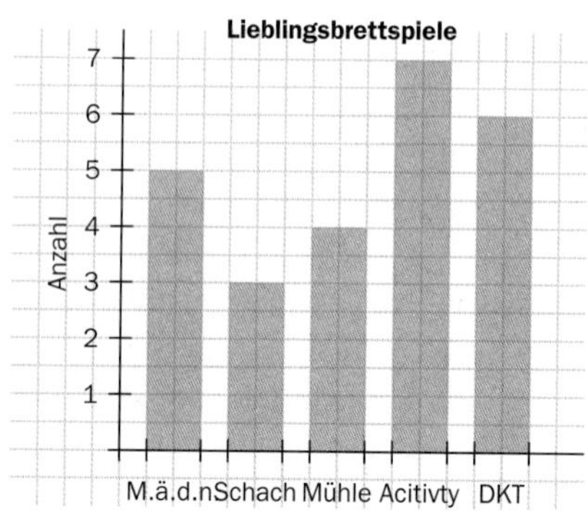

2) Da es eine Person mehr gibt, deren Lieblingsspiel Activity ist, wird die „Activity"-Säule um eine Einheit höher.

1071

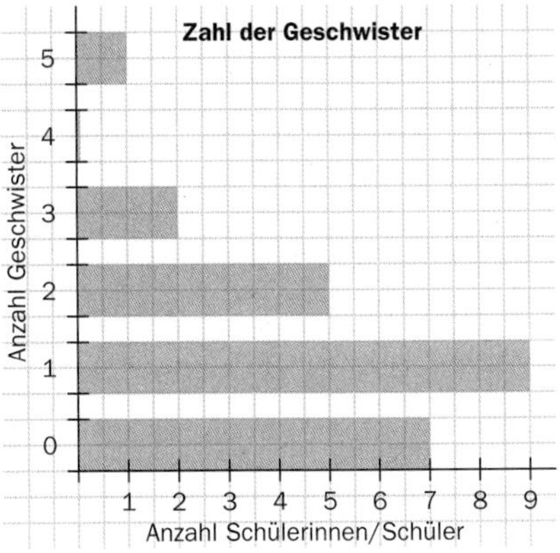

1072 z. B.:

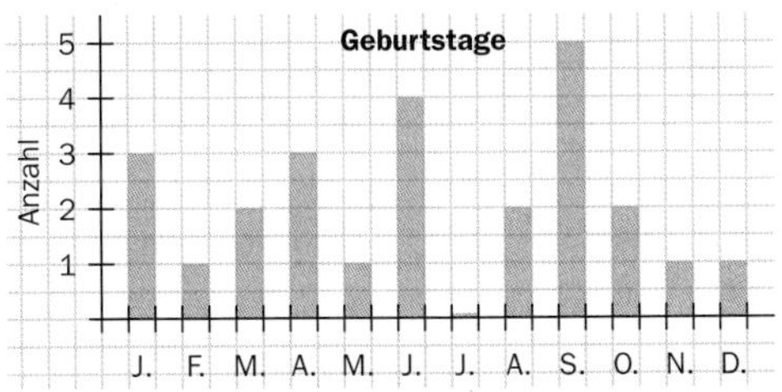

1073 Im Buch ausgeführt.

1074 Im Buch ausgeführt.

1075 a) Spannweite: 4, $\bar{x} \approx 5{,}71$, Median: 6
b) Spannweite: 4, $\bar{x} \approx 26{,}38$, Median: 26
c) Spannweite: 12, $\bar{x} = 79$, Median: 79,5
d) Spannweite: 6, $\bar{x} \approx 50{,}67$, Median: 50,5

1076 a) $\bar{x} \approx 4{,}9$, Median: 5
b) $\bar{x} \approx 31{,}3$, Median: 31,5
c) $\bar{x} \approx 59{,}8$, Median: 60
d) $\bar{x} = 100{,}8$, Median: 100,5

1077 Hubert hat im Durchschnitt 22 € bekommen.

1078 $\bar{x} = 2{,}28$ €; Teilt man den Gesamtpreis auf die neun Süßigkeiten gleichmäßig auf, so hat jedes durchschnittlich 2,28 € gekostet.
Median: 1,90 €; 4 Süßigkeiten haben weniger oder gleich viel wie 1,90 € gekostet und 4 Süßigkeiten haben mehr oder gleich viel wie 1,90 € gekostet.

1079 *Niederschlag*: Spannweite: 89 mm;
In den trockensten Monaten Februar und Oktober gab es um 89 mm weniger Niederschlag als im feuchtesten Monat August.

Sonnenschein: Spannweite: 118 h; Die Sonnenscheindauer zwischen Dezember, dem Monat mit den wenigsten Sonnenstunden, und Juli, dem Monat mit den meisten Sonnenstunden, unterschied sich um 118 Stunden.

1080 *Niederschlag*: $\bar{x} = 89$ mm; Teilt man die Niederschlagsmenge des gesamten Jahres gleichmäßig auf die 12 Monate auf, erhält man durchschnittlich 89 mm pro Monat.
Median: 74,5 mm; In 6 Monaten gab es weniger als 74,5 mm Niederschlag und in 6 Monaten gab es mehr als 74,5 mm Niederschlag.

Sonnenschein: $\bar{x} = 135{,}5$ h; Teilt man die Sonnenscheindauer des gesamten Jahres gleichmäßig auf die 12 Monate auf, erhält man durchschnittlich 135,5 h pro Monat.
Median: 148,5 h; In 6 Monaten gab es weniger als 148,5 h Sonnenschein und in 6 Monaten gab es mehr als 148,5 h Sonnenschein.

1081 z. B.:
1)

Glas	1	2	3	4
Wasserstand (mm)	54	82	70	46

2) Min = 46 mm, Max = 82 mm,
Spannweite: 36 mm, $\bar{x} = 63$ mm
3) Das Wasser steht in jedem Glas 63 mm hoch.
4) Der Wasserstand in **3)** entspricht dem berechneten Mittelwert in **2)**.

1082 Der Median bleibt gleich (1 400 €), während das arithmetische Mittel von 1 400 € auf 2 000 € steigt.

1083 1) $\bar{x} = 16$ €; Teilt man das gesamte Taschengeld gleichmäßig auf die 5 Kinder auf, erhält man durchschnittlich 16 € pro Woche.
Median: 16 €; 2 Kinder bekommen weniger als 16 € und 2 Kinder bekommen mehr als 16 € Taschengeld.
2) z. B.: 40 € Taschengeld: $\bar{x} = 20$ €, Median: 18€;
Der Median bleibt, egal welchen Wert man für das 6. Kind wählt, immer bei 18 € während der Mittelwert größer wird, je mehr Taschengeld das 6. Kind bekommt.

1084 Im Buch ausgeführt.

1085 Im Buch ausgeführt.

1086 1)

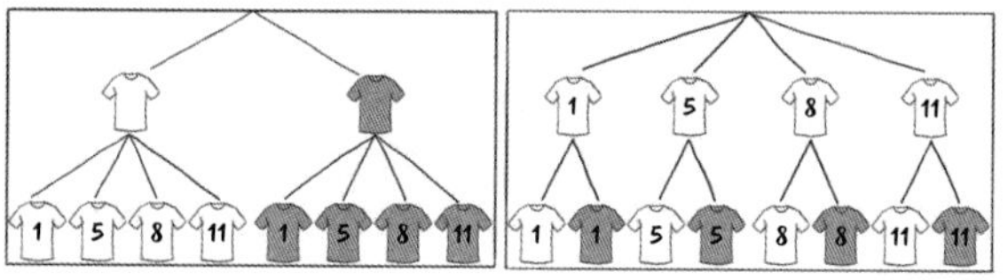

2) erstes Baumdiagramm: $2 \cdot 4 = 8$,
zweites Baumdiagramm: $4 \cdot 2 = 8$
Es gibt jeweils 8 verschiedene T-Shirts.

1087 Jan hat 12 Bestellmöglichkeiten ($4 \cdot 3$).

1088 Es gibt 8 verschiedene Varianten ($4 \cdot 2$).

1089 Es gibt 9 verschiedene Kombinationen ($3 \cdot 3$).

1090 a) 12 verschiedene Menüs ($3 \cdot 4$)
b) 8 verschiedene Menüs ($4 \cdot 2$)
c) 24 verschiedene Menüs ($3 \cdot 4 \cdot 2$)

1091 In einem Lokal gibt es die 5 Hauptgerichte mit Fleisch, Fisch, Bohnen, Linsen oder Käse und die zwei Beilagen Gemüse oder Salat zur Wahl, z. B.:
Frage: Wie viele mögliche Kombinationen aus Hauptgericht und Beilage werden angeboten? *Antwort:* 10 Kombinationen;
Frage: Lukas mag kein Fleisch und keinen Käse. Wie viele Möglichkeiten hat er? *Antwort:* 6 Möglichkeiten;
Frage: Wie kann man die Anzahl an Kombinationen aus Hauptgericht und Beilage ausrechnen? *Antwort:* $5 \cdot 2$

1092

	Schokolade	Vanille	Erdbeere	Himbeere	Cookies
Schokolade	SS	SV	SE	SH	SC
Vanille	**VS**	VV	VE	VH	VC
Erdbeere	**ES**	**EV**	EE	EH	EC
Himbeere	**HS**	**HV**	**HE**	HH	HC
Cookies	**CS**	**CV**	**CE**	**CH**	CC

1) In der Tabelle sind alle Kombinationsmöglichkeiten angegeben. Da es zwei verschiedene Sorten sein müssen und z. B. die Kombination Erdbeer Vanille und Vanille Erdbeer gleich sind, bleiben 10 Möglichkeiten über (in der Tabelle fett markiert).

2) In der Tabelle sind schon alle Möglichkeiten mit zwei verschiedenen Eissorten markiert, das sind 10. Dazu kommen noch Tüten mit jeweils einer Sorte: Schokolade, Vanille, Erdbeere, Himbeere und Cookies, das sind 5, also insgesamt 15 Möglichkeiten.

3) Von den 10 fett markierten Möglichkeiten in der Tabelle fallen alle mit Schokolade weg, also die linke Spalte, d. h. es gibt 4 Möglichkeiten weniger.

1093 a) Die meisten Übernachtungen waren in Niederösterreich und Wien.
b) Mehr Übernachtungen als Oberösterreich hatten Niederösterreich, Steiermark und Wien.
c) Die Unterschiede kommen daher, dass 2021 durch die Corona-Pandemie die Urlaubs-Übernachtungen stark zurückgegangen sind.

1094 a) Der höchste Berg der Erde befindet sich in Asien.
b) Der niedrigste Berg der Liste gehört zu den Alpen.
c) Der höchste Berg Afrikas ist der Kibo, er befindet sich im Kilimandscharo-Massiv.
d) Die Anden liegen in Südamerika.
e) Der höchste Berg der USA ist der Mount McKinley mit 6 195 m.

1095 1)

	1A	1B	1C	1D	1E	gesamt
Chor	6	3	9	2	0	20
Darstellendes Spiel	2	4	5	0	2	13
Instrumentalunterricht	1	3	2	1	5	12
Laborübungen	4	2	6	4	2	18
Soziales Lernen	20	22	24	21	20	107
gesamt	33	34	46	28	29	170

Es haben 20 Schülerinnen und Schüler Chor gewählt.
In der 1E gab es 29 Anmeldungen für unverbindliche Übungen.
In der 1B haben sich 2 Schülerinnen und Schüler für Laborübungen angemeldet.
Die meisten Schülerinnen und Schüler haben sich für Soziales Lernen angemeldet.

2) Nein, ich kann es nicht ablesen, da es Schüler und Schülerinnen geben kann, die sich gar nicht oder sogar bei zwei oder mehreren Freigegenständen angemeldet haben.

1096 1)

Klasse	Mädchen	Burschen
textiles Werken	10	2
technisches Werken	4	9
gesamt	14	11

2) Es haben 4 Mädchen und 9 Burschen technisches Werken gewählt.

1097 a) Die mittlere Sonnenscheindauer wird von Jänner bis Juli immer länger, dann wird sie wieder kürzer.

b) Die Daten wurden von 1906 bis 2008 erhoben.

c) Die rote Säule stellt jeweils die maximale Sonnenscheindauer pro Monat, die gelbe Säule die minimale Sonnenscheindauer und die orange Säule stellt das Monatsmittel dar.

d) Im Februar scheint die Sonne durchschnittlich 110 h lang.

e) Die längste Sonnenscheindauer wurde im April mit insgesamt über 300 h gemessen, d. h. über 10 h pro Tag.

f) Die Sonne scheint im November, Dezember und Jänner am kürzesten.

1098 Hannahs Behauptung stimmt nicht, denn am häufigsten kamen ihr schwarze Autos entgegen.

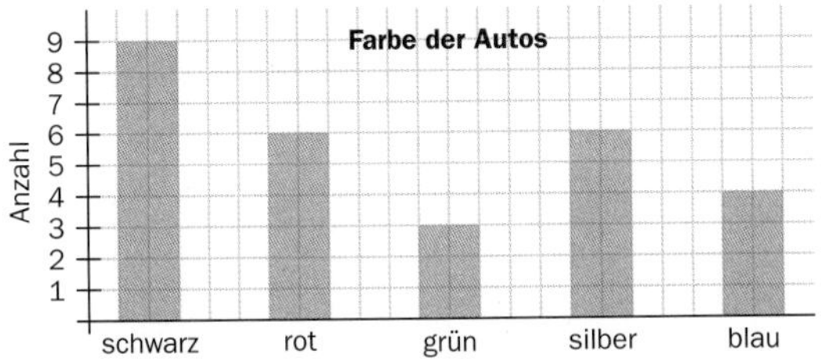

1099 a)

Körpergewicht	Anzahl Kinder
20–24 kg	2
25–29 kg	8
30–34 kg	7
35–40 kg	6
41–45 kg	1

b)

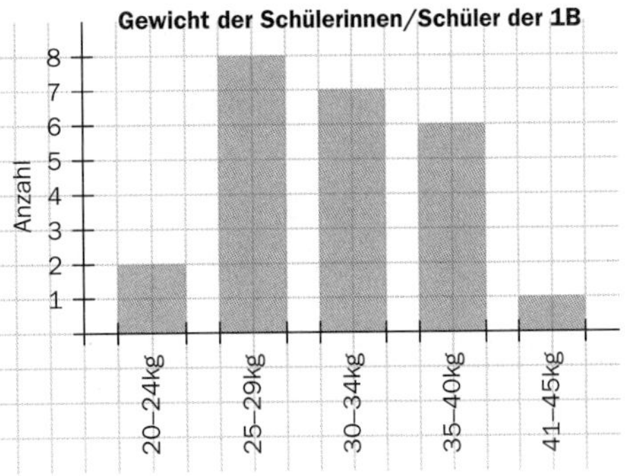

c) Das Säulendiagramm ist hier sinnvoller, da man die tatsächlichen Werte besser ablesen kann.

1100 1) 7 Jugendliche spielen Gitarre (Säulendiagramm).

2) Es spielen weniger als die Hälfte Klavier (Kreisdiagramm).

3) Es sind 25 Jugendliche angemeldet (Säulendiagramm).

1101 1)

richtige Antworten	0	1	2	3	4	5	6
absolute Häufigkeit	1	1	0	5	10	6	2

2)

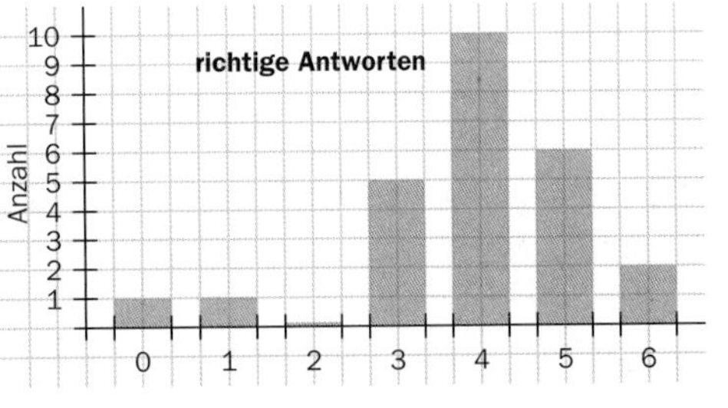

3) $\bar{x} = 3{,}92$; Median: 4

1102 Ein Telefonat dauerte durchschnittlich 23 min.

1103 1) Min = 3,5 min; Max = 25 min

2) Spannweite: 21,5 min; Für die Kamera, die am wenigsten genutzte Anwendung, wird um 21,5 min weniger Zeit verwendet als für das Internet, die am häufigsten genutzte Anwendung.

3) $\bar{x} = 12{,}8$ Teilt man die gesamte Zeit am Smartphone gleichmäßig auf die Anwendungen auf, erhält man durchschnittlich 12,8 min für jede Anwendung.

Median: 11,5 min; Für 5 Anwendungen werden täglich weniger als 11,5 min verwendet und für 5 Anwendungen werden täglich mehr als 11,5 min verwendet.

1104 1) Spannweite: 78 €;

Der Unterschied zwischen der höchsten und der niedrigsten Spende beträgt 78 €.

2) $\bar{x} = 10{,}25$; Median: 5 €;

Die Werte unterscheiden sich stark, da es mit 80 € einen sehr großen Wert gibt, der den Durchschnittswert stark beeinflusst, den Median aber nicht.

1105 1) Es gibt 9 verschiedene Hoodies (= 3 · 3).

2) Die Anzahl der unterschiedlichen Hoodies kann mit der Rechnung 3 · 3 · 3 = 27 berechnet werden.

1106 Es müssen 12 Spiele ausgetragen werden.

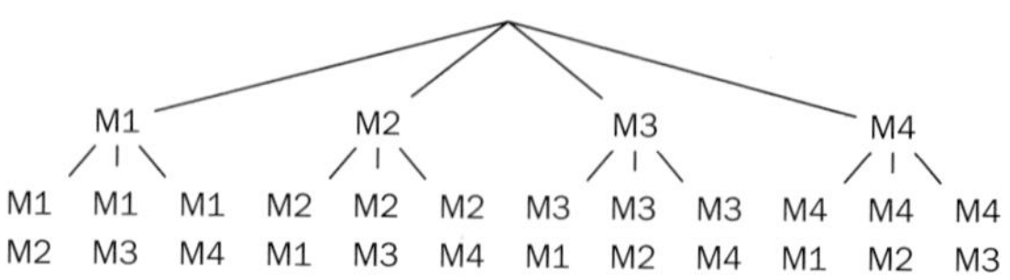

1107 z. B.:

Name	Dauer des Schulwegs	Gewicht der Schultasche
Max	35 min	4,6 kg
Susi	10 min	3,3 kg
Hanna	20 min	3,8 kg
Tobias	30 min	2,9 kg
Johannes	5 min	5,2 kg

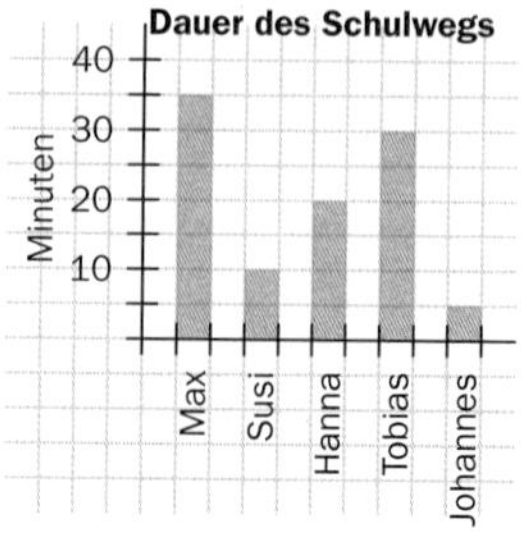

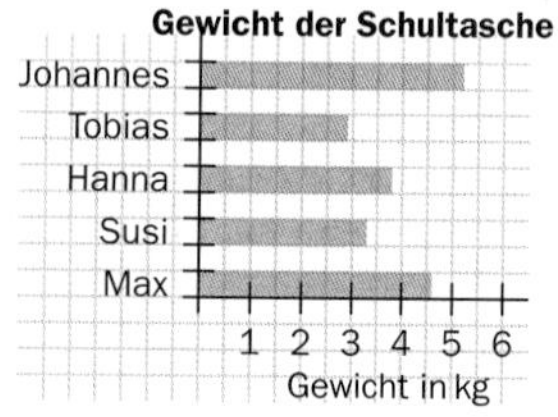

Fragestellungen z. B.: Wer braucht am längsten zur Schule? Wie viel wiegen alle Schultaschen gemeinsam?

1108 Das Kreisdiagramm gibt hier einen guten Eindruck, ob eine Partei z. B. mehr als die Hälfte aller Stimmen erhalten hat oder ob zwei Parteien dies gemeinsam geschafft haben. Im Säulendiagramm kann man die einzelnen Zahlen dafür besser vergleichen.

1109 a) $\bar{x} = 1\,900$ €, Median: 1 000 €

Der Chef hat sein sehr hohes Gehalt mitgerechnet und den erhaltenen Wert auch noch aufgerundet.

b) Der Median charakterisiert die Einkommensverteilung besser. Nur durch das Gehalt einer Person (des Chefs) wird das arithmetische Mittel so hoch.

1110

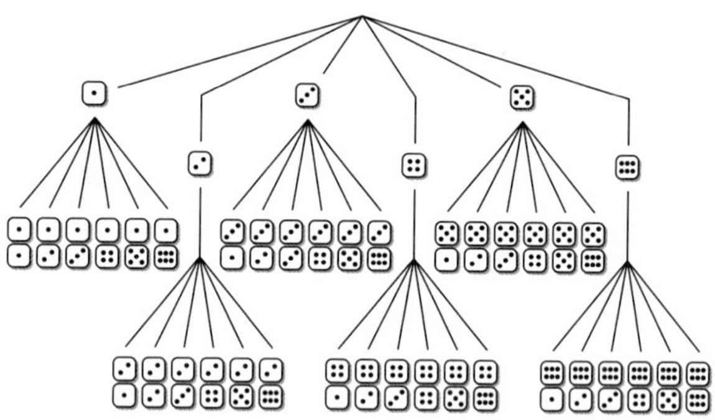

1) Es gibt 36 verschiedene Ergebnisse.
2) Es gibt 30 verschiedene Ergebnisse.
3) Es gibt 21 verschiedene Ergebnisse.
4) Es gibt 11 verschiedene Ergebnisse.

1111 3; 2; absolute Häufigkeit

1112 (B) (A) (D) (C)

1113 a) falsch, richtig, richtig, richtig

b) richtig, falsch, falsch, richtig

1114 Der Pullover wird in 6 verschiedenen Kombinationen angeboten.

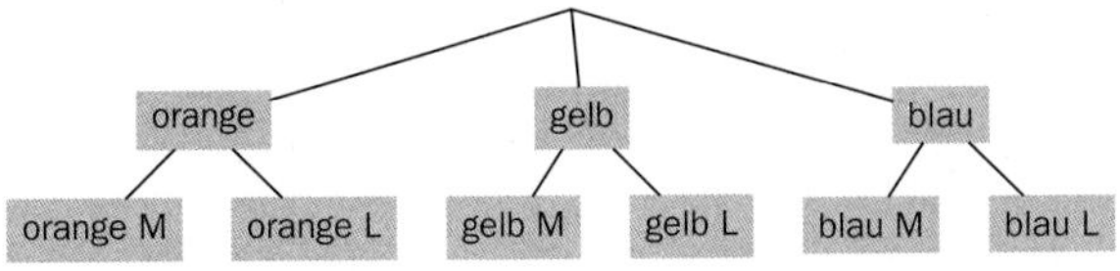

1115–1124 Lösungen siehe Schulbuch (Anhang ab S. 217)

Thema: Daten am Computer bearbeiten

T1 —

T2 —

T3 $\bar{x} = 3$; Median: 2

T4 • Das arithmetische Mittel und der Median erhöhen sich jeweils um 1.
• Das arithmetische Mittel steigt auf 3,8 und der Median bleibt gleich.
• Das arithmetische Mittel sinkt auf 2,8 und der Median bleibt gleich.

T5 —

10. Brüche

Seite 203: ☒ ☒ ☒ ☐ ☐
☐ ☒ ☒ ☐ ☐
☐ ☒ ☒ ☐ ☐
☐ ☐ ☒ ☐ ☐

1125 Im Buch ausgeführt.

1126 Im Buch ausgeführt.

1127 **a)** $\frac{1}{2}$ **b)** $\frac{1}{4}$ **c)** $\frac{3}{4}$ **d)** $\frac{2}{4}$ **e)** $\frac{1}{8}$ **f)** $\frac{1}{8}$ **g)** $\frac{3}{8}$ **h)** $\frac{6}{8}$ **i)** $\frac{1}{4}$ **j)** $\frac{7}{8}$

1128 **a)** $\frac{3}{8}$ **b)** $\frac{4}{8}$

1129 **a)** z. B.:

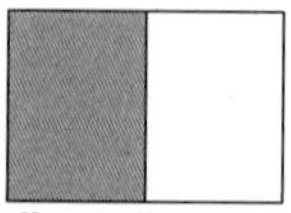

$\frac{1}{2}$

b) z. B.:

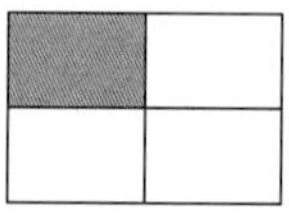

$\frac{1}{4}$

c) z. B.:

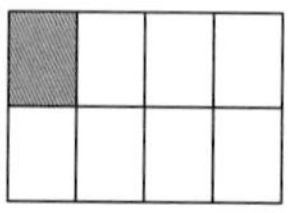

$\frac{1}{8}$

d) z. B.:

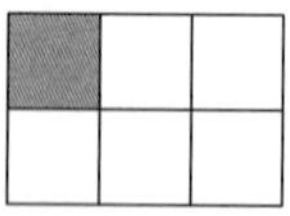

$\frac{1}{6}$

e) z. B.:

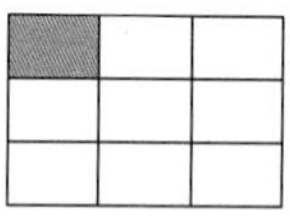

$\frac{1}{9}$

1130 **a)** z. B.:

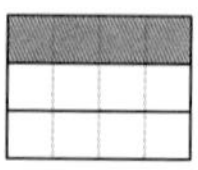

b) z. B.:

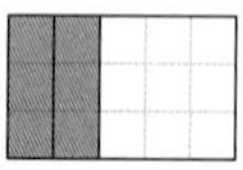

c) z. B.:

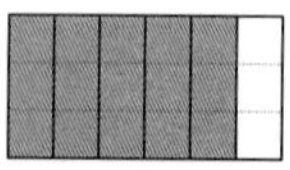

d) z. B.:

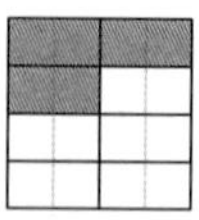

e) z. B.:

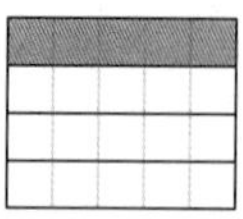

f) z. B.:

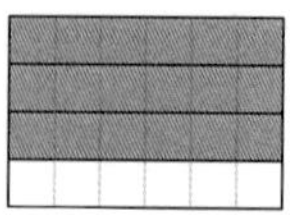

1131 **a)** $\frac{2}{3}$ **b)** $\frac{3}{5}$ **c)** $\frac{1}{6}$ **d)** $\frac{5}{8}$ **e)** $\frac{3}{4}$ **f)** $\frac{1}{4}$

1132 **a)** $\frac{1}{3}$; z. B.:

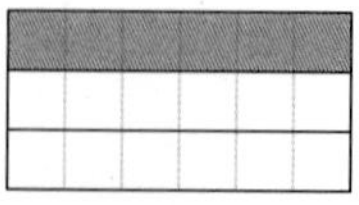

b) $\frac{1}{6}$; z. B.:

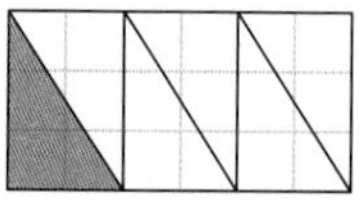

c) $\frac{4}{8}$; z. B.:

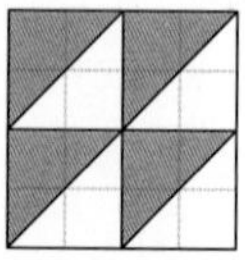

d) $\frac{3}{8}$; z. B.:

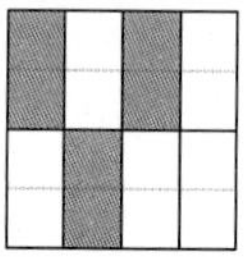

1133 **a)** $2\frac{1}{2}$, $1\frac{1}{4}$, $1\frac{2}{3}$ **b)** $1\frac{3}{10}$, $2\frac{3}{5}$, $3\frac{1}{4}$
c) $1\frac{3}{4}$, $2\frac{1}{3}$, $1\frac{2}{5}$ **d)** $2\frac{1}{5}$, $2\frac{3}{4}$, $1\frac{1}{10}$

1134 **a)** $\frac{7}{2}$, $\frac{7}{4}$, $\frac{5}{3}$ **b)** $\frac{9}{4}$, $\frac{8}{5}$, $\frac{9}{8}$
c) $\frac{11}{5}$, $\frac{7}{3}$, $\frac{13}{10}$ **d)** $\frac{9}{5}$, $\frac{17}{8}$, $\frac{21}{10}$

1135 Im Buch ausgeführt.

1136 Im Buch ausgeführt.

1137 **a)** $\frac{9}{10}$ **b)** $\frac{3}{4}$ **c)** $\frac{3}{24}$ **d)** $\frac{2}{12}$

1138 z. B.:

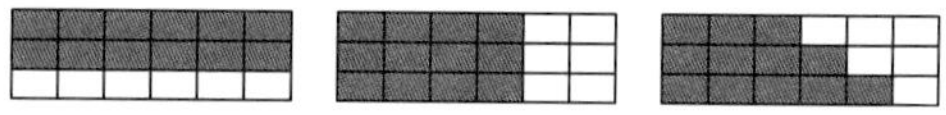

1139 **a)** 12 km **b)** 80 Punkte **c)** 18 € **d)** 27 kg **e)** 8 Stück **f)** 10 kg **g)** 75 m **h)** 45 kg

1140 Das sind 56 000 km^2.

1141 Er hat 32 Pralinen gegessen.

1142 Es kommen 6 Mitschülerinnen zur Party.

1143 **a)** 14 400 Plätze **b)** 32 000 Plätze **c)** 16 000 Plätze **d)** 7 200 Plätze

1144 **a)** 25 Teebeutel **b)** 200 Taschentücher **c)** 5 Eier **d)** 15 Pralinen

1145 In der Schule gibt es 231 Mädchen und 154 Burschen.

1146 **a)** 240°

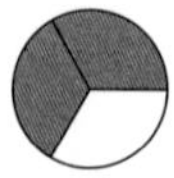

b) 288°

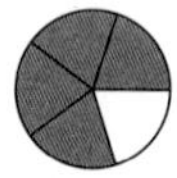

c) 160°

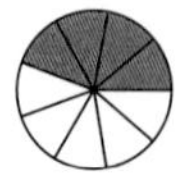

d) 300°

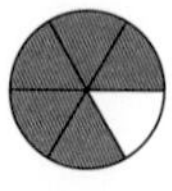

e) 108°

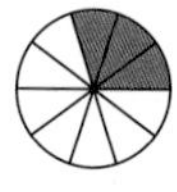

1147 Im Buch ausgeführt.

1148 Im Buch ausgeführt.

1149 **a)**

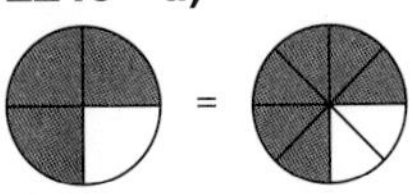

b)

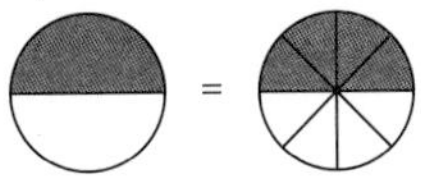

c)

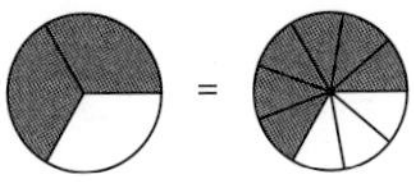

1150 **a)** $\frac{4}{6}$ **b)** $\frac{8}{12}$ **c)** $\frac{16}{24}$

1151 **a)** Lisa zeichnet in einem Kreis den Ausgangsbruch wie hier z. B. $\frac{4}{8}$ ein und denkt sich anschließend den Kreis gröber unterteilt, wie in diesem Bsp. in 2 Hälften.

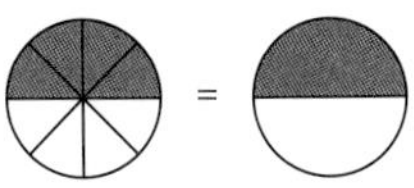

b) z. B.:

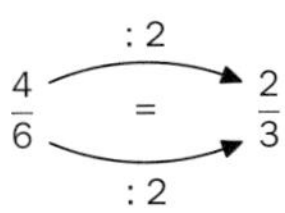

Leon

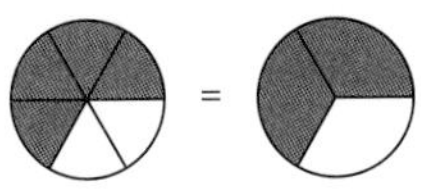

Lisa

c) Am einfachsten ist es mit Leons Methode, weil das Aufschreiben schneller geht, als jedesmal einen Kreis zu zeichnen.

1152 **a)** $\frac{2}{3}$, $\frac{4}{5}$, $\frac{8}{9}$, $\frac{5}{6}$, $\frac{2}{7}$
b) $\frac{2}{3}$, $\frac{1}{5}$, $\frac{3}{4}$, $\frac{6}{7}$, $\frac{9}{10}$

1153 **a)** 1 **b)** 2 **c)** 9 **d)** 8 **e)** 11 **f)** 2
g) 3 **h)** 4 **i)** 3 **j)** 1

1154 **a)** Das Erweitern eines Bruches bedeutet, die vorhandenen Teile nochmals gleichmäßig feiner zu unterteilen.
b) Annas Methode geht schneller, dafür ist Klaus Methode anschaulicher.

1155 **a)** $\frac{18}{42}$ **b)** $\frac{35}{40}$ **c)** roten Pfeile: ·4; 36
d) roten Pfeile: ·8; 40

1156 **a)** $\frac{3}{8} < \frac{10}{8}$ **b)** $\frac{9}{6} > \frac{5}{6}$ **c)** $\frac{3}{4} > \frac{2}{4}$
d) $\frac{4}{10} < \frac{5}{10}$ **e)** $\frac{3}{12} < \frac{4}{12}$ **f)** $\frac{4}{10} > \frac{1}{10}$

1157 **a)** $\frac{3}{18} < \frac{8}{18}$
b) $\frac{4}{10} = \frac{2}{5}$, also: $\frac{6}{15} < \frac{25}{15}$
c) $\frac{12}{9} = \frac{4}{3}$, also: $\frac{15}{12} < \frac{16}{12}$
d) $\frac{8}{40} < \frac{15}{40}$
e) $\frac{9}{6} = \frac{3}{2}$, also: $\frac{6}{4} > \frac{5}{4}$
f) $\frac{12}{15} = \frac{4}{5}$ und $\frac{9}{12} = \frac{3}{4}$, also: $\frac{16}{20} > \frac{15}{20}$

1158 Im Buch ausgeführt.

1159 Im Buch ausgeführt.

1160 Im Buch ausgeführt.

1161 **a)** 0,8; 1,3; 0,67 **b)** 3,35; 0,292; 0,088
c) 0,6; 2,9; 2,29 **d)** 0,12; 0,65; 0,592

1162 **a)** falsch, falsch, falsch, richtig
b) richtig, richtig, richtig, falsch
c) richtig, falsch, falsch, richtig

1163 **a)** 0,75; 3,2; 1,6; 2,25
b) 0,625; 5,5; 1,75; 9,3
c) 0,8; 4,7; 2,375; 3,625
d) 7,5; 0,875; 2,4; 12,5
e) 4,3; 2,125; 5,75; 0,8
f) 4,375; 9,9; 6,5; 7,3

1164 B C E F A D

1165 **a)** 10,5; 2,8; 3,25; 2,4
b) 8,7; 5,125; 17,5; 20,25
c) 10,4; 40,5; 11,25; 17,5
d) 4,75; 15,25; 11,4; 12,4
e) 9,3; 27,5; 3,375; 9,25
f) 13,25; 20,5; 11,25; 1,3

1166 **a)** $\frac{9}{10}$, $\frac{6}{5}$, $\frac{5}{2}$, $\frac{31}{10}$, $\frac{21}{10}$
b) $\frac{3}{5}$, $\frac{16}{5}$, $\frac{3}{25}$, $\frac{8}{5}$, $\frac{13}{10}$
c) $\frac{1}{5}$, $\frac{9}{50}$, $\frac{17}{10}$, $\frac{21}{5}$, $\frac{13}{5}$
d) $\frac{3}{10}$, $\frac{1}{4}$, $\frac{9}{2}$, $\frac{7}{5}$, $\frac{16}{5}$
e) $\frac{13}{20}$, $\frac{21}{10}$, $\frac{37}{100}$, $\frac{7}{50}$, $\frac{9}{2}$
f) $\frac{25}{4}$, $\frac{7}{2}$, $\frac{13}{5}$, $\frac{9}{20}$, $\frac{22}{5}$
g) $\frac{26}{5}$, $\frac{3}{40}$, $\frac{101}{50}$, $\frac{837}{100}$
h) $\frac{161}{20}$, $\frac{11}{4}$, $\frac{19}{2}$, $\frac{51}{50}$
i) $\frac{103}{20}$, $\frac{76}{25}$, $\frac{91}{10}$, $\frac{129}{20}$

1167 **a)** richtig, falsch, falsch
b) richtig, richtig, falsch
c) richtig, richtig, falsch

1168 **a)** z. B.: $\frac{5}{10}$, $\frac{1}{2}$, $\frac{10}{20}$
b) z. B.: $1\frac{5}{10}$, $1\frac{1}{2}$, $\frac{3}{2}$
c) z. B.: $2\frac{25}{100}$, $2\frac{1}{4}$, $\frac{9}{4}$
d) z. B.: $\frac{4}{10}$, $\frac{2}{5}$, $\frac{40}{100}$
e) z. B.: $1\frac{8}{10}$, $1\frac{4}{5}$, $\frac{9}{5}$
f) z. B.: $2\frac{1}{10}$, $\frac{21}{10}$, $\frac{42}{20}$
g) z. B.: $4\frac{3}{10}$, $\frac{43}{10}$, $\frac{430}{100}$
h) z. B.: $\frac{8}{100}$, $\frac{2}{25}$, $\frac{80}{1000}$
i) z. B.: $\frac{33}{100}$, $\frac{330}{1000}$, $\frac{66}{200}$

1169 $\frac{2}{3} = 0,66666\ldots$; $\frac{5}{6} = 0,83333\ldots$; $\frac{7}{11} = 0,63636\ldots$
Bei der Division bleibt immer wieder Rest, daher gibt es bei der Dezimaldarstellung unendlich viele Nachkommastellen und die Ziffern wiederholen sich.
weitere solche Brüche z. B.: $\frac{4}{9}$, $\frac{1}{3}$, $\frac{2}{15}$, $\frac{3}{22}$
Hinweis: Solche Dezimalzahlen werden periodische Dezimalzahlen genannt und du wirst sie in der 2. Klasse noch genauer kennenlernen.

1170 $n = \frac{n}{1}$, z. B.: $4 = \frac{4}{1}$

1171 **a)** $\frac{3}{8} = 0,375$ **b)** $\frac{2}{8} = 0,25$ **c)** $\frac{6}{10} = 0,6$
d) $\frac{6}{16} = 0,375$ **e)** $\frac{3}{15} = 0,2$

1172 **a)** z. B.:
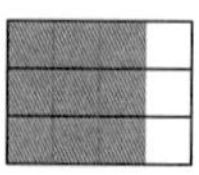
b) z. B.:
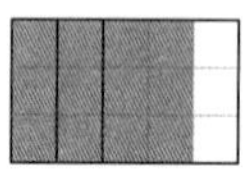
c) z. B.:
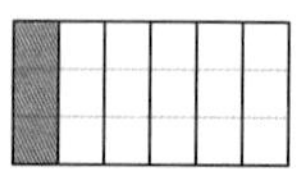

1173 **a)**
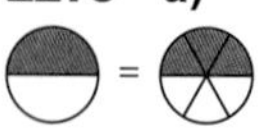
b)
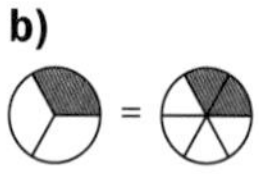
c)
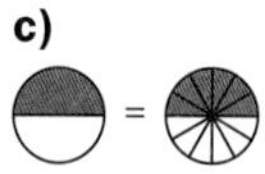

1174 **a)** $2\frac{1}{3}$ **b)** $1\frac{3}{5}$ **c)** $2\frac{1}{4}$ **d)** $3\frac{1}{8}$ **e)** $2\frac{5}{6}$
f) $4\frac{1}{2}$

1175 **a)** $\frac{7}{3}$ **b)** $\frac{17}{5}$ **c)** $\frac{7}{4}$ **d)** $\frac{29}{8}$ **e)** $\frac{31}{6}$
f) $\frac{13}{2}$

1176 $\frac{1}{4}$, 5 Stück; $\frac{1}{5}$, 4 Stück; $\frac{1}{10}$, 2 Stück

1177 **a)** 30 min **b)** 45 min **c)** 150 min
d) 105 min **e)** 75 min **f)** 135 min

1178 **a)** 25 dag **b)** 75 dag **c)** 3 dag
d) 250 dag **e)** 125 dag **f)** 110 dag

1179 **a)** 45 Seiten **b)** 20 Minuten
c) 8 Eier **d)** 50 dag **e)** 20 Personen **f)** 5 €
g) 9 Stunden **h)** 60 g

1180 **a)** 9 Kinder **b)** 21 Kinder

1181 Das Ackerland ist 9 ha 45 a = 94 500 m^2 groß (15 ha 12 a = 151 200 m^2).

1182 Im Armreifen sind 90 g Gold, 20 g Silber und 10 g Kupfer enthalten.

1183 Das waren $5\frac{1}{4}$ (= $\frac{21}{4}$) Liter Orangensaft.

1184 **a)** richtig, falsch: $\frac{7}{3}$, richtig
b) falsch: $\frac{1}{3}$, falsch: $\frac{8}{3}$, richtig

1185 $\frac{6}{4} = \frac{3}{2}$, $\frac{8}{5} = \frac{24}{15}$, $\frac{9}{12} = \frac{3}{4}$, $\frac{5}{2} = \frac{10}{4}$, $\frac{20}{15} = \frac{4}{3}$, $\frac{16}{10} = \frac{8}{5}$

1186 C E A B D

1187 **a)** $\frac{12}{20} < \frac{15}{20}$ **b)** $\frac{15}{10} < \frac{16}{10}$ **c)** $\frac{20}{12} < \frac{21}{12}$
d) $\frac{10}{12} > \frac{3}{12}$ **e)** $\frac{14}{10} < \frac{15}{10}$ **f)** $\frac{13}{8} > \frac{12}{8}$

1188 **a)** $1,6 < 1,75$ **b)** $4,5 < 4,7$
c) $1,875 > 1,8$
d) $3,25 < 3,3$ **e)** $5,4 > 5,25$ **f)** $5,375 > 4,5$

1189 **a)** **1)** $\frac{7}{4}$ **2)** $1\frac{3}{4}$ **3)** 1,75
b) **1)** $\frac{15}{6}$ **2)** $2\frac{1}{2}$ **3)** 2,5
c) **1)** $\frac{8}{5}$ **2)** $1\frac{3}{5}$ **3)** 1,6
d) **1)** $\frac{9}{8}$ **2)** $1\frac{1}{8}$ **3)** 1,125

1190 **a)** 3,125; 11,75; 3,8; 5,4
b) 14,5; 3,1; 7,25; 0,67
c) 1,62; 2,14; 0,85; 2,325
d) 2,65; 1,06; 1,425; 1,27

1191 **a)** $\frac{1}{4}$, $\frac{17}{100}$, $\frac{21}{50}$, $\frac{1}{8}$, $\frac{7}{20}$
b) $\frac{4}{5}$, $\frac{9}{20}$, $\frac{3}{4}$, $\frac{321}{1000}$, $\frac{7}{10}$
c) $\frac{31}{50}$, $\frac{11}{25}$, $\frac{1}{2}$, $\frac{7}{8}$, $\frac{6}{25}$
d) $\frac{9}{10}$, $\frac{3}{5}$, $\frac{17}{25}$, $\frac{69}{100}$, $\frac{7}{10}$

1192 Jene Zahl, die bei Brüchen oberhalb des *Bruchstrichs* steht, nennt man den *Zähler*, jene die unterhalb steht, den *Nenner*.

1193 falsch, richtig, richtig, richtig, richtig

1194 echter Bruch; unechter Bruch; echter Bruch; unechter Bruch; uneigentlicher Bruch

1195 Das Kürzen bedeutet, den Bruch mit kleineren Zahlen anzuschreiben d. h. in der Zeichnung wird die Unterteilung gröber. Dabei dividiert man Zähler und Nenner durch dieselbe natürliche Zahl.
Das Erweitern bedeutet, den Bruch mit größeren Zahlen anzuschreiben, d. h. in der Zeichnung wird die Unterteilung feiner. Dabei multipliziert man Zähler und Nenner mit derselben natürlichen Zahl.

1196 **a)** $\frac{6}{8} \rightarrow \frac{3}{4}$;
Die Unterteilung wurde gröber, es wurde gekürzt.
b) $\frac{2}{3} \rightarrow \frac{6}{9}$;
Die Unterteilung wurde feiner, es wurde erweitert.
c) $\frac{3}{6} \rightarrow \frac{1}{2}$;
Die Unterteilung wurde gröber, es wurde gekürzt.

1197 Beim Erweitern werden Zähler und Nenner des Bruchs *mit der gleichen natürlichen Zahl multipliziert*. Beim Kürzen werden Zähler und Nenner des Bruchs *durch die gleiche natürliche Zahl dividiert*.

1198–1215 Lösungen siehe Schulbuch (Anhang ab S. 217)